전기 · 전자 · 통신공학도를 위한

전자통신기초실험

김종훈 | 박욱동 공저

도서출판 그린

머리말

최근 전자공학, 정보통신공학 등은 급속히 발전하고 있으며, 이에 따라 대학에서의 다양한 전공과목을 통한 전공지식의 이해는 더욱 중요하게 되었다. 특히 전기, 전자, 통신분야의 전공과목을 이해하기 위해서는 전기 · 전자공학에 관련된 기본 이론과 함께 실험도 병행하여 공부하여야 한다.

본 교재에서는 전기, 전자, 통신공학을 전공하는 학생들을 위해 먼저 실험의 기초지식, 멀티미터 사용법, 저항의 식별법, 브레드 보드의 사용법, 전류 · 전압의 측정법 등 기본적인 사항에 대해 설명하였다.

다음으로 중첩의 원리, 테브난의 정리, 키르히호프의 법칙에 대한 이론과 함께 기본적인 직류회로에 대해 중점적으로 실험한다. 그리고 임피던스, 어드미턴스의 정의에 대해 배우고, RC회로, RL회로, RLC회로, 공진회로 등 교류회로에 대해 중점적으로 실험한다.

이 책에서는 실험에 필요한 기초이론을 설명한 후 실험회로를 해석한 이론값과 측정값을 서로 비교하도록 구성하였다. 또한 각 실험의 끝부분에는 실험내용을 간단히 정리할 수 있도록 실험보고서를 함께 나타내었다.

본 교재는 대학에서 1년 과정으로 실험할 수 있도록 기본적인 이론을 가능한 쉽게 설명하고, 그에 따른 실험내용을 구성하였다. 일부 실험에서는 그 내용이 많은 부분도 있으나, 1학기 또는 2학기의 실험 시수에 따라 적절하게 나누어 실험하면 좋을 것으로 생각한다.

본 교재가 기초 전기전자실험을 공부하는 전기, 전자, 통신분야의 전공 학생들에게 많은 도움이 되기를 바란다.

또한 본 교재를 출판하는 데 많은 도움을 주신 도서출판 그린의 윤덕우 사장님과 편집부 관계자 여러분께도 깊이 감사드린다.

2003년 12월

저자 씀.

차 례

실험 1. 실험의 기초지식

목 적

1. 실험의 의의 및 기본자세를 숙지한다.
2. 실험방법 및 주의사항을 숙지한다.
3. 실험예비보고서 및 실험보고서의 의의와 작성법을 익힌다.
4. 전자 및 통신실험에서 사용되는 단위와 기호를 익힌다.

이 론

1. 실험을 위한 예비지식

(1) 실험의 의의 및 기본자세

실험이란 학문적 이론을 실험적으로 증명하는 것이며, 또한 새로운 이론을 만들어 내기 이전에 거쳐야 하는 중요한 과정이다. 따라서 실험에는 실제의 실험에 앞서 관련이론에 대한 철저한 이해가 선행되어야 한다. 일반적으로 본 실험교재와 같이 초보적인 지식을 다루는 실험은 이미 확립되어 있는 이론을 증명하고 응용력을 향상시키는데 그 목적이 있다. 학생들은 실험에 앞서 해당 실험과제에 대한 기본적인 이해를 바탕으로, 실험을 어떠한 방법으로 진행할 것인가 생각한 후 실제 실험에 임해야 한다.

또한 실험은 이론 학문의 실증 이외에, 과학적인 고찰과 탐구 및 기술의 습득에도 그 목적이 있다. 따라서 실험은 당연히 그렇게 되어야 한다는 일종의 당위성보다도 왜 그렇게 되어야만 하는가의 의문으로부터 출발되어야 하며, 이러한 의문으로부터 실험결과에 대한 철저한 분석과 고찰이 뒤따라야만 실험의 목적을 성취할 수 있을 것이다.

(2) 실험방법

실험과제에 대한 예비적인 준비단계를 마치고, 실제 실험에 임할 때 가장 문제시되는 것은 각종 계측기의 사용법이다. 일반적으로 전기, 전자, 통신 분야에 사용되는 계측기들은 대부분 다목적으로 사용하기 위하여 여러 가지 복잡한 기능을 갖고 있다. 이것이 실험을 회피하는 요인이 되기도 하지만, 일반 기초적인 계측기의 기본원리는 대단히 간단하다는 것을 명심하라. 단지 기능을 다양화하기 위하여 부수적인 장치를 추가하였을 뿐이다.

따라서 계측기를 능숙하게 사용할 수 있는 방법은 그 기본원리를 이해한 후 전체적인 블록 다이어그램을 이해하는 순서로 진행하면 된다. 이러한 과정으로 하나 하나의 계측기를 이해해 가면 같은 종류의 다른 회사의 계측기라도 쉽게 사용할 수 있다.

(3) 실험보고서

실험보고서는 크게 실험예비보고서와 실험결과보고서의 두 가지로 나눌 수 있다. 우선 실험예비보고서는 실험과제에 대한 이론적인 이해, 실제 실험회로에 대한 분석 및 실험방법을 예견해 보는 것으로 매우 중요한 과정이다.

실험결과보고서는 이론에 대한 증명 및 문제점을 찾기 위한 것으로 측정된 결과를 토대로 작성하는 것이다. 따라서 실험조건, 사용기기, 실험방법 및 결과 등을 모두 명시하는 것이 좋으며, 실험결과에 대해서도 철저하게 분석하는 과정이 필수적이다. 흔히 측정된 결과만을 제출하는 경우가 있는데, 가능한 한 실험결과를 충분히 고찰한 후 실험보고서를 작성하기 바란다.

2. 단위와 기호

전기, 전자, 통신실험에서 여러 가지 전기적인 물리량과 그에 해당되는 단위가 사용되는데 표 1-1은 그 중에서 가장 많이 사용되는 기본적인 단위를 나타낸 것이다. 효율적인 실험을 수행하기 위해서는 이러한 표현들이 쉽게 이해되고 숙달되어야 한다.

표 1-1은 전기적인 물리량의 기본단위를 나타낸 것으로, 보통 이 단위는 너무 크거나 너무 작아서 회로를 해석하거나 설계에 적용할 때 불편한 경우가 많다. 예를 들어 전자회로에서 측정되는 전류의 크기는 1[A]보다 훨씬 적어서 [mA]나 [μA] 단위를 많이 사용하고, 저항의 크기는 1[Ω]보다 훨씬 커서 주로 [kΩ]이나 [MΩ]을 단위로 훨씬 더 많이 사용한다. 표 1-1에 주어진 단위를 사용할 때 단위 앞에 표 1-2와 같이 10의 누승에 해당하는 접두사(prefix)를 붙여서 간단히 사용한다. 표 1-3은 일반적인 전자회로에서 많이 사용되는 주요 단위레벨을 나타낸 것이다.

표 1-1 전기적인 물리량의 명칭과 단위

구 분	명 칭	기 호	단 위(Unit)	기 호
전 류	Current	I	ampere	A
전 압	Voltage	V	volt	V
저 항	Resistance	R	ohm	Ω
콘덕턴스	Conductance	G	mho or Siemens	℧ or S
에 너 지	Energy	W	joule or watt second	J or Ws
전 력	Power	P	watt	W
전 하	Electrical Charge	Q	coulomb	C
커패시턴스	Capacitance	C	farad	F
인덕턴스	Inductance	L	henry	H
시 간	Time	t	second	s
주 파 수	Frequency	f	hertz	Hz

표 1-2 단위에 사용하는 접두시(prefix)

명 칭	배 수	기 호
exa	$1000000000000000000 = 10^{18}$	E
peta	$1000000000000000 = 10^{15}$	P
tera	$1000000000000 = 10^{12}$	T
giga	$1000000000 = 10^{9}$	G
mega	$1000000 = 10^{6}$	M
kilo	$1000 = 10^{3}$	k
hecto	$100 = 10^{2}$	h
deka	$10 = 10^{1}$	da
deci	$0.1 = 10^{-1}$	d
centi	$0.01 = 10^{-2}$	c
milli	$0.001 = 10^{-3}$	m
micro	$0.000001 = 10^{-6}$	μ
nano	$0.000000001 = 10^{-9}$	n
pico	$0.000000000001 = 10^{-12}$	p
femto	$0.000000000000001 = 10^{-15}$	f
atto	$0.000000000000000001 = 10^{-18}$	a

표 1-3 주요 단위레벨

구 분	단 위	기 호	명 칭	기 호	배 수
전 류	ampere	A	malliampere microampere	mA μA	10^{-3} A 10^{-6} A
전 압	volt	V	kilovolt millivolt microvolt	kV mV μV	10^{3} V 10^{-3} V 10^{-6} V
저 항	ohm	Ω	megaohm kiloohm	MΩ kΩ	10^{6} Ω 10^{3} Ω
커패시턴스	farad	F	microfarad nanofarad picofarad	μF nF pF	10^{-6} F 10^{-9} F 10^{-12} F
인덕턴스	henry	H	millihenry microhenry	mH μH	10^{-3} H 10^{-6} H
주파수	hertz	Hz	megahertz kilohertz	MHz kHz	10^{6} Hz 10^{3} Hz

연습문제

(1) 10의 지수를 3의 배수형태가 되도록 표현하고, 또 접두사(prefix)를 붙여서 간단히 표현하라.

예) 0.0000083 F = (8.3×10^{-6}) F = (8.3 μF)

3,300 V = (3.3×10^{3}) V = (3.3 kV)

① 0.022 V = (   ) V = (   )

② 59,000 Ω = (   ) Ω = (   )

③ 0.00025 A = (   ) A = (   )

④ 4,500,000 Hz = (   ) Hz = (   )

(2) 다음 단위를 바꾸어 표현하라.

① 63 mA = ( ) A
② 3.5 MΩ = ( ) Ω
③ 47 μF = ( ) F
④ 82 GHz = ( ) Hz

(3) 다음 밑줄 안에 알맞은 단위를 넣어라.

① 2,700,000 Hz = 2.7 ( )
② 0.00045 H = 450 ( )
③ 0.00000074 F = 740 ( )
④ 0.67 A = 670 ( )

(4) 다음 괄호 안에 알맞은 숫자를 넣어 단위를 맞추어라.

① 0.39 mA = ( ) μA
② 0.06 MΩ = ( ) kΩ
③ 0.047 μF = ( ) pF
④ 790,000 kHz = ( ) GHz

실 험 보 고 서

실험제목	실험 1. 실험의 기초지식			
학　　번	성　　명	실험조	실험일자	제출일자

(1) ① 0.022 V = (　　　　) V = (　　　　)
② 59,000 Ω = (　　　　) Ω = (　　　　)
③ 0.00025 A = (　　　　) A = (　　　　)
④ 4,500,000 Hz = (　　　　) Hz = (　　　　)

(2) ① 63 mA = (　　　　) A
② 3.5 MΩ = (　　　　) Ω
③ 47 μF = (　　　　) F
④ 82 GHz = (　　　　) Hz

(3) ① 2,700,000 Hz = 2.7 (　　)
② 0.00045 H = 450 (　　)
③ 0.00000074 F= 740 (　　)
④ 0.67 A = 670 (　　)

(4) ① 0.39 mA = (　　　　) μA
② 0.06 MΩ = (　　　　) kΩ
③ 0.047 μF = (　　　　) pF
④ 790,000 kHz = (　　　　) GHz

실험 2. 멀티미터 사용법

목 적

1. 멀티테스터(MULTI-TESTER)의 사용법을 익힌다.
2. 디지털 멀티미터(DIGITAL MULTIMETER)의 사용법을 익힌다.
3. 전압 및 전류의 측정법을 익힌다.

이 론

1. 멀티테스터(MULTI-TESTER)

멀티테스터는 하나의 계기로 전압, 전류 및 저항 등을 모두 측정할 수 있는 종합기능을 가진 계측기이다. 측정시 범위(range) 선택 스위치를 전환하여 넓은 범위에 걸쳐 측정된 값을 아날로그 미터로 판독할 수 있도록 만든 가장 기본적인 계측기이다.

멀티테스터는 전압, 저항 및 mA의 전류 등을 측정하는 종합계기라는 의미로 VOM (Volt-Ohm-Milliammeter) 또는 멀티미터라고도 한다. 대부분의 멀티테스터는 1,000V 이내의 직류 및 교류전압, 250mA 이내의 직류 전류, 20MΩ 이내의 저항 등을 기본적으로 측정할 수 있다.

범위 선택 스위치는 측정 종류별로 각각 3~5개의 범위로 구분되어 있다. 일반적으로 멀티테스터는 직류 전류계와 여러 개의 분류기와 분압기, 그리고 기능 선택 스위치 등으로 구성되며 저항을 측정할 때는 계기 내부에 들어 있는 전지가 사용된다.

멀티테스터의 대표적인 구조는 그림 2-1과 같고 각 부분의 주요 기능은 다음과 같다.

① 트랜지스터 검사 소켓 : 트랜지스터 검사시 소켓에 표시된 각 극성간의 정확한 위치에 시험할 트랜지스터의 극성을 맞추어 삽입한다.

② 트랜지스터 판정 지시장치 : 적색 및 녹색 램프로 되어 있어 적색이 켜지면 양품의 PNP 트랜지스터이고, 녹색이 켜지면 양품의 NPN 트랜지스터이다.

③ 입력 소켓 : 각종 전기량을 측정할 때 측정리드를 삽입하는 단자로 (+), (-) 극성에 유의해야 한다.

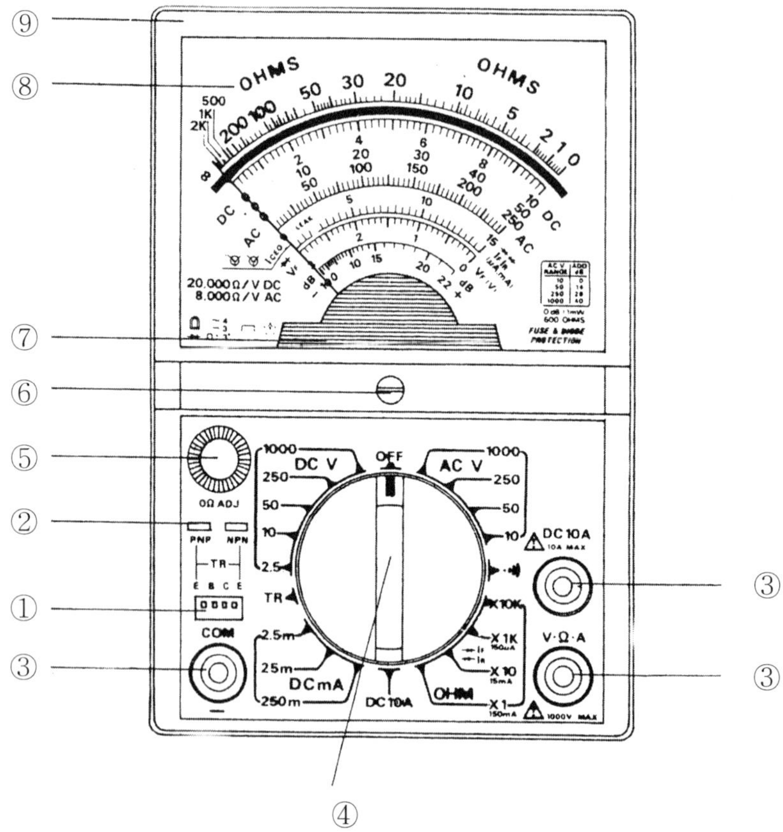

그림 2-1 멀티테스터

④ 범위 선택 스위치 : 명확한 범위 선택이 가능한 스위치 방식으로, 전류, 전압, 저항 측정시 범위의 선택이 가능하다.

⑤ 0Ω 조정기 : 저항 측정시 측정용 리드선을 단락시키면 단자 사이의 저항이 0Ω이 되도록 조정해야 한다.

⑥ 지침 0점 조정기 : 측정전 반드시 지침이 왼쪽 "0"점에 있는지 확인하고, 필요시 조정한다.

⑦ 눈금판 : 멀티테스터의 눈금판은 선형 눈금과 비선형 눈금으로 되어 있다. 전압 및 전류 등의 측정시 선형 눈금을 사용하며 저항을 측정할 경우에는 비선형 눈금이 사용된다.

(1) 직류전압 측정

① 테스터의 지시바늘이 0점에 있는가를 확인한다.
② 흑색 리드선을 – COM 소켓에, 적색 리드선을 V · Ω · A 소켓에 각각 삽입한다.
③ 범위 선택 스위치를 적절한 직류전압의 위치에 놓는다. 만일 측정값을 예측하기 어려우면 높은 범위부터 선택한다.
④ 눈금판의 흑색 직류 전용 눈금선에서 지시값을 읽는다. 10, 50, 250의 범위 선택에서는 눈금판의 해당 눈금을 직접 읽고, 2.5의 경우는 250 눈금선에서 해당 눈금을 읽은 후 100으로 나누고, 1000의 경우는 10 눈금선에서 해당 눈금을 읽은 후 100을 곱하면 된다.

(2) 교류전압 측정

① 측정순서는 직류와 동일하다.
② 눈금판의 적색 교류전용 눈금선에서 지시값을 읽는다.

(3) 직류전류 측정

① 흑색 리드선을 – COM 소켓에, 적색 리드선을 V · Ω · A 소켓에 각각 삽입한다.
② 범위 선택 스위치를 적절한 전류 범위에 놓는다. 만일 측정값을 예측하기 어려우면 높은 범위부터 선택한다.
③ 회로에 공급되는 전원을 차단하고 계측기를 회로내에 직렬로 접속한다. 이 때 지시 바늘이 직류 0 눈금의 왼쪽으로 향하지 않도록 극성에 유의하여야 한다.

※ 범위 선택 스위치를 저항이나 전류의 위치에 놓고 전압을 측정하면 테스터가 파손되기 쉬우므로 측정전에 스위치의 위치를 확인하여야 한다. 측정이 끝나면 멀티테스터의 내부 건전지의 소모를 방지하기 위하여 범위 선택 스위치를 off 위치에 놓아야 한다.

(4) 저항 측정

① 범위 선택 스위치를 저항 측정 범위에 놓는다.

② 흑색 리드선을 - COM 소켓에, 적색 리드선을 V · Ω · A 소켓에 각각 삽입한다.

③ 2개의 리드선을 상호 접촉시켜 지침이 저항 눈금의 0Ω에 정확하게 오도록 0Ω 조정기를 조정한다.

④ 피측정 저항을 리드선에 접속하여 저항값을 읽고, 선택된 저항 범위에 표기된 수치를 지시값에 곱한다.

※ 0Ω 조정기를 시계방향으로 돌려도 0Ω 위치에 오지 않으면, 계기 내부 건전지의 수명이 다 된 것이므로 건전지를 교체하여야 한다.

※ 전류가 흐르고 있는 회로내의 저항은 측정하지 말 것.

2. 디지털 멀티미터(DIGITAL MULTIMETER)

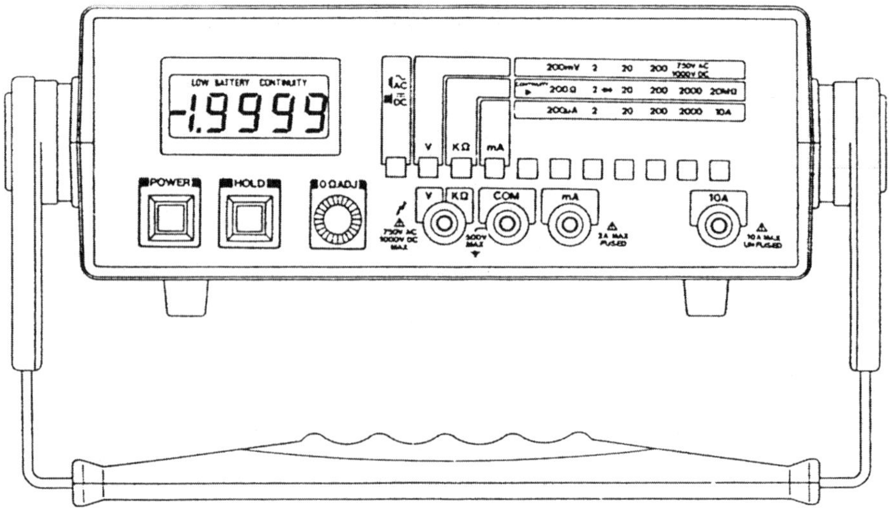

그림 2-2 디지털 멀티미터

디지털 멀티미터는 눈금판에 표시된 값과 선택된 단위를 읽으면 되는데 테스터처럼 전환 스위치 값을 환산하지 않아도 되므로 매우 편리하다. 기능전환 스위치는 푸시버튼으로 되어 있으며 기능 및 측정범위의 전환에 의해서 측정값이 자동적으로 나타난다. 리드선의 극성이 반대가 되었을 때는 (-)의 부호가 된다.

미지 전압의 측정에는 언제나 높은 측정범위부터 내려가면서 측정해야 하며, 기능이 다른 상태에서의 측정은 절대로 있어서는 안된다.

(1) 직류전압 측정

① 흑색 리드선을 COM 소켓에, 적색 리드선을 V · kΩ 소켓에 각각 삽입한다.
② DC/AC 선택 버튼을 빠진 상태로 둔다.
③ "V" 선택 버튼을 누른 상태로 둔다.
④ 예상 전압보다 높은 범위 선택 버튼을 누른다.
⑤ 만일 왼쪽 끝단에 "1"만의 수가 표시되면 최대 지시값을 초과하는 상태를 나타내는 것이므로, 한 단계 높은 범위의 버튼을 눌러 가면서 적정 지시값이 나타나도록 하여야 한다.

(2) 교류전압 측정

① DC/AC 선택 버튼을 누른 상태로 둔다.
② 그외 측정순서는 직류전압 측정법과 동일하다.

(3) 직류전류 측정

① 흑색 리드선을 COM에, 적색 리드선을 "mA" 소켓에 각각 삽입한다. 단, DC 2A 이상을 측정할 때는 적색 리드선을 "10A" 소켓에 삽입한다.
② DC/AC 선택 버튼을 빠진 상태로 둔다.
③ "mA" 선택 버튼을 누른 상태로 둔다.
④ 이하 직류전압 측정과 같은 절차로 직류전류를 측정한다.

(4) 교류전류 측정

① DC/AC 선택 버튼을 누른 상태로 둔다.
② 그 외 측정순서는 직류전류 측정법과 동일하다.

(5) 저항 측정

① 흑색 리드선을 COM 소켓에, 적색 리드선을 V · kΩ 소켓에 각각 삽입한다.
② kΩ 선택 버튼을 누른 상태로 둔다.
③ 예상 저항보다 높은 범위 선택 버튼을 누른다.
④ 이하 직류전압 측정과 같은 절차로 저항을 측정한다.
⑤ 만일 아무런 숫자가 나타나지 않고 "1"만 표시되면 선택 범위가 너무 낮은 것을

의미한다. 범위 선택 스위치를 차례로 높여 가면서 4계수 또는 5계수가 지시되게 하라. 지시값이 2,000 이하이면 범위를 한 단계 낮추어 보다 정확한 저항값을 읽도록 한다.

※ 회로 내의 저항을 측정하기 위해서는 측정전에 회로의 전원을 차단하고, 회로내의 충전 상태를 모두 방전시켜야 된다.

사용기기 및 부품

1. 전원공급기
2. 멀티테스터
3. 디지털 멀티미터
4. 저항 : 1kΩ

실험순서

1. 멀티테스터의 지시부를 보고 다음 물음에 답하라.

① 첫 번째 비선형 눈금은 무엇을 판독하는 데 사용되는가?
② 첫 번째 비선형 눈금의 판독 범위를 나타내어라.
③ 첫 번째 비선형 눈금의 0점은 왼쪽에 있는가, 오른쪽에 있는가?
④ 지시부 내의 첫 번째 선형 눈금은 무엇을 판독하는 데 사용되는가?

2. 다음 회로에서 저항에서의 전압강하를 측정하기 위한 전압계의 위치를 극성표시와 함께 그려 넣어라.

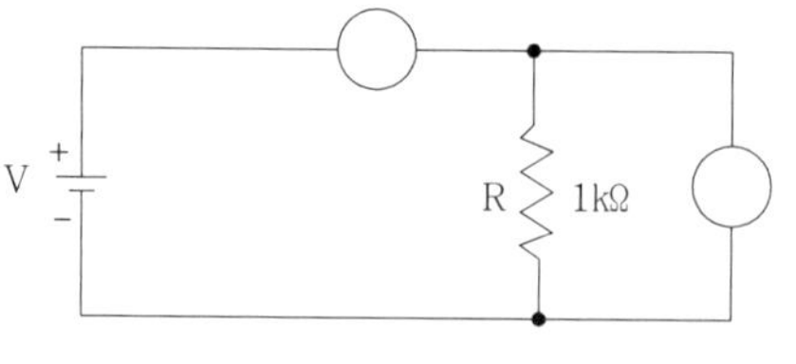

그림 2-3 전압계 및 전류계 연결방법

3. 그림 2-3의 회로에서 저항에 흐르는 전류를 측정하기 위한 전류계의 위치를 극성표시와 함께 그려 넣어라.

4. 직류전압의 측정

(1) 전원공급기의 전원 스위치를 OFF하고 그림 2-4와 같이 회로를 브레드보드 위에 구성하라.

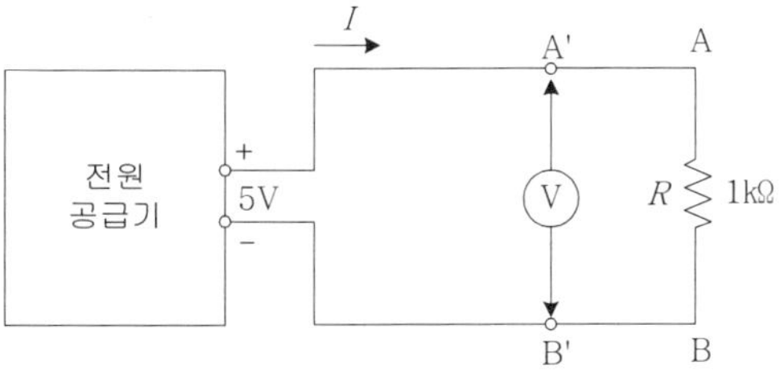

그림 2-4 직류전압 측정회로

(2) 멀티테스터에 의한 직류전압 측정

① 테스터의 지시바늘이 0점에 있는가 확인한다.
② 흑색 리드선을 - COM 소켓에, 적색 리드선을 V · Ω · A 소켓에 각각 삽입한다.
③ 범위 선택 스위치를 적절한 직류전압의 위치에 놓는다. 만일 측정값을 예측하기 어려우면 높은 범위부터 선택한다.
④ 테스터의 적색 리드선은 그림 2-4의 A'에, 흑색 리드선은 B'에 접속한 후, 전원 공급기의 전원 스위치를 ON하여 5V가 될 때까지 전압조정 손잡이를 오른쪽으로 돌려 맞춘다.
⑤ 앞의 순서 ④에서 최적의 범위를 적고, 측정된 전압값의 눈금을 그림 2-5에 나타내라.

최적 범위는 __________V이다.

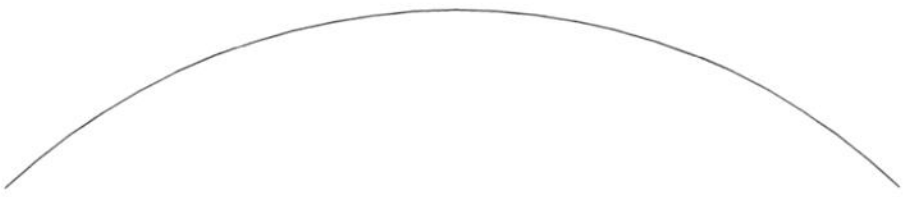

그림 2-5

(3) 디지털 멀티미터에 의한 직류전압 측정

① 흑색 리드선을 COM 소켓에, 적색 리드선을 V · kΩ 소켓에 각각 삽입한다.

② DC/AC 선택 버튼을 빠진 상태로 둔다.
③ "V" 선택 버튼을 누른 상태로 둔다.
④ 예상 전압보다 높은 범위 선택 버튼을 누른다.
⑤ 디지털 멀티미터의 적색 리드선은 그림 2-4의 A'에, 흑색 리드선은 B'에 접속한 후, 각 범위별로 전압을 측정하라.

최적 범위는 _________V이고, $V_{A'B'}$ = _________V이다.

⑥ 디지털 멀티미터의 흑색 리드선은 그림 2-4의 A'에, 적색 리드선은 B'에 접속하여 전압을 측정하라.

$V_{B'A'}$ = _________V이다.

※ 교류전압도 유사한 방법으로 측정한다.

5. 직류전류의 측정

(1) 멀티테스터에 의한 직류전류의 측정

① 흑색 리드선을 - COM 소켓에, 적색 리드선을 V · Ω · A 소켓에 각각 삽입한다.
② 범위 선택 스위치를 적절한 전류 범위에 놓는다. 만일 측정값을 예측하기 어려우면 높은 범위부터 선택한다.

※ 범위 선택 스위치를 저항이나 전류의 위치에 놓고 전압을 측정하면 테스터가 파손되기 쉬우므로 측정전에 스위치의 위치를 확인하여야 한다. 측정이 끝나면 멀티테스터의 내부 건전지의 소모를 방지하기 위하여 범위 선택 스위치를 off 위치에 놓아야 한다.

③ 그림 2-4 회로의 A와 A' 사이를 분리하고 A'에는 적색 리드선을, A에는 흑색 리드선을 연결하여 각 범위별로 전류를 측정하라.

최적 범위는 __________이고, $I_{A'A}$ = __________A이다.

(2) 디지털 멀티미터에 의한 직류전류의 측정

① 흑색 리드선을 COM 에, 적색 리드선을 "mA" 소켓에 각각 삽입한다. 단, DC 2A 이상을 측정할 때는 적색 리드선을 "10A" 소켓에 삽입한다.
② DC/AC 선택 버튼을 빠진 상태로 둔다.
③ "mA" 선택 버튼을 누른 상태로 둔다.

④ 예상 전류보다 높은 범위 선택 버튼을 누른다.

⑤ 그림 2-4 회로의 A와 A' 사이를 분리하고 A'에는 적색 리드선을, A에는 흑색 리드선을 연결하여 각 범위별로 전류를 측정하라.

최적 범위는 __________이고, $I_{A'A}$ = __________A이다.

⑥ ⑤의 리드선을 반대로 연결하여 회로에 흐르는 전류를 측정하라.

$I_{AA'}$ = __________A이다.

※ 교류전류도 유사한 방법으로 측정한다.

실 험 보 고 서

실험제목	실험 2. 멀티미터 사용법			
학　　번	성　　명	실험조	실험일자	제출일자

1. ① (　　　　　　　　　　　　) ② (　　　　　　　　　　　　)
   ③ (　　　　　　　　　　　　) ④ (　　　　　　　　　　　　)

2., 3.

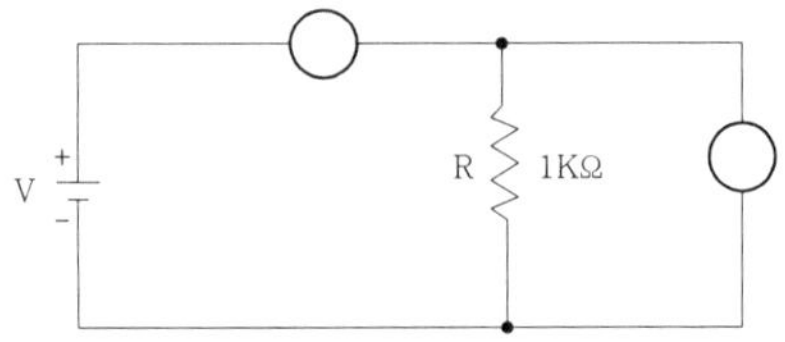

그림 2-3

4. 직류전압의 측정

(2) 멀티테스터에 의한 직류전압 측정

⑤ 최적 범위는 ＿＿＿＿＿＿＿＿V이다.

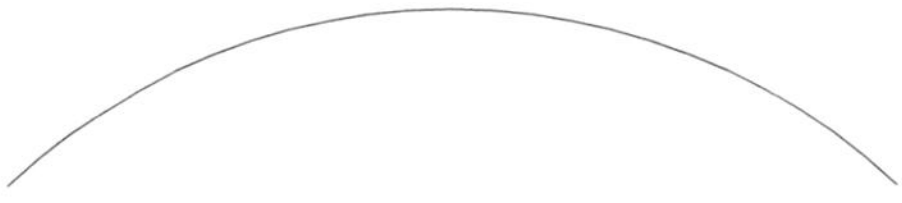

그림 2-5

(3) 디지털 멀티미터에 의한 직류전압 측정

⑤ 최적 범위는 ___________V이고, $V_{A'B'}$ = ___________V이다.

⑥ $V_{B'A'}$ = ___________V이다.

5. 직류전류의 측정

(1) 멀티테스터에 의한 직류전류의 측정

③ 최적 범위는 ___________이고, $I_{A'A}$ = ___________A이다.

(2) 디지털 멀티미터에 의한 직류전류의 측정

⑤ 최적 범위는 ___________이고, $I_{A'A}$ = ___________A이다.

⑥ $I_{AA'}$ = ___________A이다.

실험 3. 컬러코드와 저항의 측정

목 적

1. 컬러코드를 사용한 저항값 표시방법을 이해한다.
2. 멀티테스터 및 디지털 멀미미터에 의한 저항 측정법을 익힌다.

이 론

현재 많이 사용되고 있는 일반저항은 색띠(color code)로 그 값을 표시하는 경우가 많다. 색띠는 그림 3-1과 같이 저항 주위에 표시되는데 각각 13종류의 색깔로 구분되며 각 색에 배정된 숫자, 배수, 허용오차는 표 3-1에 나타나 있다.

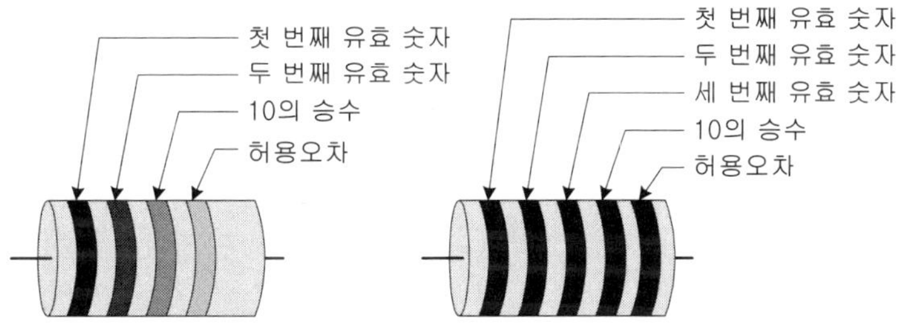

(a) 범용 색띠 표시법 (b) 정밀 색띠 표시법

그림 3-1 저항의 색띠 표시법

표 3-1 색띠(color code)

색(color)	숫자	승수(multiplier)	허용오차	
			4번째 색띠	5번째 색띠
흑색(black)	0	10^{0} or 1	-	-
갈색(brown)	1	10^{1}	-	±1%
적색(red)	2	10^{2}	-	±2%
등색(orange)	3	10^{3}	-	-
황색(yellow)	4	10^{4}	-	-
녹색(green)	5	10^{5}	-	±0.5%
청색(blue)	6	10^{6}	-	±0.25%
자색(violet)	7	10^{7}	-	±0.1%
회색(gray)	8	10^{8}	-	-
백색(white)	9	10^{9}	-	-
금색(gold)	-	10^{-1} or 0.1	±5%	-
은색(silver)	-	10^{-2} or 0.01	±10%	-
무색(none)	-		±20%	-

4개의 색띠로 구성되는 범용 색띠 표시법은 그림 3-1 (a)와 같이 저항 색띠의 여백이 적은 부분이 좌측이 되도록 하였을 때, 좌측에서 첫 번째 색과 두 번째 색은 저항값의 첫 번째와 두 번째 유효숫자를, 세 번째 색은 10의 승수를, 그리고 네 번째 색은 허용오차를 나타낸다.

그림 3-2 (a)에서 첫 번째 색띠는 등색(3), 두 번째는 녹색(5), 세 번째는 흑색(0)이므로 저항값은 $35 \times 10^{0}\Omega$이고, 네 번째는 은색이므로 ±10%의 오차를 갖고 있다.

5개의 색띠로 구성되는 정밀 색띠 표시법은 그림 3-1 (b)와 같이 저항 색띠의 여백이 적은 부분이 좌측이 되도록 하였을 때, 좌측에서 첫 번째, 두 번째, 세 번째 색은 각각 저항값의 첫 번째, 두 번째, 세 번째 유효숫자를 표시하고, 네 번째 색은 10의 승수를, 다섯 번째 색은 허용오차를 나타낸다.

그림 3-2 (b)에서 첫 번째 색띠는 적색(2), 두 번째는 적색(2), 세 번째는 녹색(5), 네 번째는 금색(10^{-1})이므로 저항값은 $225 \times 10^{-1}\Omega$이고, 다섯 번째는 청색이므로 ±0.25%의 오차를 갖고 있다.

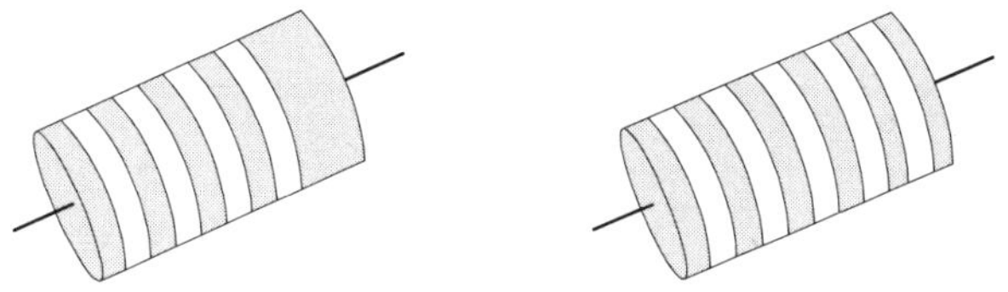

(a) 등색/녹색/흑색/은색　　(b) 적색/적색/녹색/금색/청색

그림 3-2

그리고 일반저항의 전력용량 표시는 외형의 크기로 분류되는데 2W, 1W, ½W, ¼W, ⅛W 등이 있으며 외형이 클수록 전력용량이 크다.

사용기기 및 부품

1. 디지털 멀티미터
2. 저항 : 180Ω, 220Ω, 820Ω, 2.2kΩ, 3.3kΩ, 4.7kΩ, 10kΩ, 68kΩ

실험순서

(1) 각 숫자에 해당되는 색을 외우고 다음 표에 기록하라.

표 3-2 숫자에 대응하는 색

숫 자	0	1	2	3	4	5	6	7	8	9	±5%	±10%	±20%
색													

(2) 다음과 같은 색띠를 갖는 저항에 대한 저항값과 오차를 적어라.

표 3-3

	제1색띠	제2색띠	제3색띠	제4색띠	제5색띠	저항값(Ω)	오 차(%)
1	적	등	등	금	×		
2	황	녹	흑	은	×		
3	갈	흑	적	무	×		
4	등	백	자	금	×		
5	회	청	갈	무	×		
6	녹	등	황	적	갈		
7	등	녹	등	갈	녹		
8	자	갈	황	황	청		
9	황	황	갈	흑	적		
10	갈	회	자	적	자		

(3) 주어진 6개의 저항에 대하여 다음 표에 색을 차례로 기록하고, 저항값과 오차를 적어라.

표 3-4

저 항	제1색띠	제2색띠	제3색띠	제4색띠	저항값(kΩ)	오 차(%)
1						
2						
3						
4						
5						
6						

(4) 멀티테스터에 의한 저항측정

① 범위 선택 스위치를 저항측정 범위에 놓는다.

② 흑색 리드선을 - COM 소켓에, 적색 리드선을 V · Ω · A 소켓에 각각 삽입한다.

③ 전환스위치를 ×10k 위치에 두고, 2개의 리드선을 상호 접촉시켜 지침이 저항눈금의 0Ω에 정확하게 위치하도록 0Ω 조정기를 조정한다.

④ 실험(3)에서 준비한 6개의 저항을 전환스위치를 변경하면서 저항값을 측정하여 표 3-5에 기록하라.

표 3-5

저항 \ 전환 SW	×10k	×1k	×10	×1
1				
2				
3				
4				
5				
6				

(5) 디지털 멀티미터에 의한 저항측정

① 흑색 리드선을 - COM 소켓에, 적색 리드선을 V · kΩ 소켓에 각각 삽입한다.
② kΩ 선택 버튼을 누른 상태로 둔다.
③ 실험 (4)와 같은 방법으로 6개의 저항을 각 범위별로 측정하여 표 3-6에 기록하라.

표 3-6

저항 \ 전환SW	20MΩ	2MΩ	200kΩ	2kΩ	200Ω
1					
2					
3					
4					
5					
6					

(6) 실험 (4)와 (5)의 측정결과 각 저항의 최적 범위의 위치는 어디인가?

표 3-7

측정기 \ 저항	1	2	3	4	5	6
멀티테스터						
디지털 멀티미터						

(7) 테스터와 디지털 멀티미터의 각 저항값에 따라 측정값의 차이가 나는 이유를 설명하라.

실 험 보 고 서

실험제목	실험 3. 컬러코드와 저항의 측정			
학 번	성 명	실험조	실험일자	제출일자

(1)

숫자	0	1	2	3	4	5	6	7	8	9	±5%	±10%	±20%
색													

(2)

	제1색띠	제2색띠	제3색띠	제4색띠	제5색띠	저항값(Ω)	오차(%)
1	적	등	등	금	×		
2	황	녹	흑	은	×		
3	갈	흑	적	무	×		
4	등	백	자	금	×		
5	회	청	갈	무	×		
6	녹	등	황	적	갈		
7	등	녹	등	갈	녹		
8	자	갈	황	황	청		
9	황	황	갈	흑	적		
10	갈	회	자	적	자		

(3)

저항	제1색띠	제2색띠	제3색띠	제4색띠	저항값(kΩ)	오차(%)
1						
2						
3						
4						
5						
6						

(4) 멀티테스터에 의한 저항측정

전환SW / 저항	×10k	×1k	×10	×1
1				
2				
3				
4				
5				
6				

(5) 디지털 멀티미터에 의한 저항측정

전환SW / 저항	20MΩ	2MΩ	200kΩ	2kΩ	200Ω
1					
2					
3					
4					
5					
6					

(6)

저항 측정기	1	2	3	4	5	6
멀티테스터						
디지털 멀티미터						

실험 4. 브레드보드의 내부구조

목 적

1. 브레드보드의 내부구조를 알아본다.
2. 브레드보드 위에 전기 · 전자회로를 구성하는 법을 익힌다.

이 론

그림 4-1은 브레드보드의 앞면과 뒷면을 나타낸 것이다. 앞면은 소자의 리드선과 점퍼선을 연결할 수 있는 많은 작은 소켓들로 구성되어 있고, 뒷면은 이들 작은 소켓들이 전기적으로 어떻게 접속되어 있는지를 보여준다.

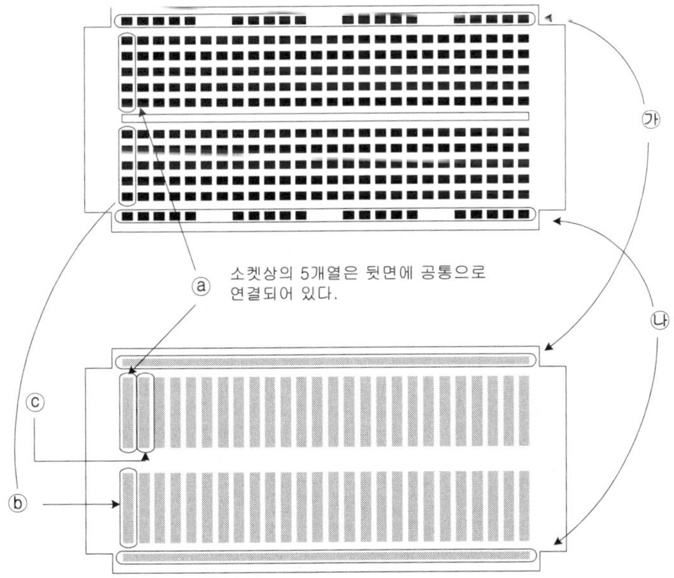

그림 4-1 전형적인 브레드보드의 앞면과 뒷면

그림 4-1에 나타난 바와 같이 ⓐ에 표시된 5개의 작은 소켓들은 내부적으로 단락되어 있다. 마찬가지로 ⓑ와 ⓒ에 표시된 5개의 작은 소켓들도 각각 내부적으로 단락되어

있다. 그리고 그림 4-1의 ㉮에 표시된 한 열의 작은 소켓들은 모두 내부적으로 단락되어 있다. 또 ㉯에 표시된 한 열의 작은 소켓들도 모두 내부적으로 단락되어 있다. 그러나 ⓐ, ⓑ, ⓒ 및 ㉮, ㉯ 소켓들 상호간은 내부적으로 개방되어 있다.

그러므로 ⓐ, ⓑ, ⓒ의 소켓들은 주로 부품 및 점퍼선을 연결하는 데 이용되고, ㉮, ㉯의 소켓들은 전원이나 공통선과 같이 동시에 많은 접점이 필요할 때 주로 이용된다.

내부적으로 단락된 소켓들은 절점이나 접합점으로 이용할 수 있으므로, 소켓들 사이의 접속관계를 적절히 활용하면 비교적 복잡한 회로도 납땜 없이 쉽게 구성할 수 있다.

사용기기 및 부품

1. 브레드보드
2. 디지털 멀티미터
3. 저항 : R_1(68Ω), R_2(220Ω), R_3(820Ω), R_4(2.2kΩ), R_5(4.7kΩ), R_6(10kΩ), R_7(20kΩ), R_8(200kΩ), R_9(1MΩ)

실험순서

(1) 그림 4-2에 나타난 바와 같이 브레드보드 위에 저항 R_1을 연결하라.

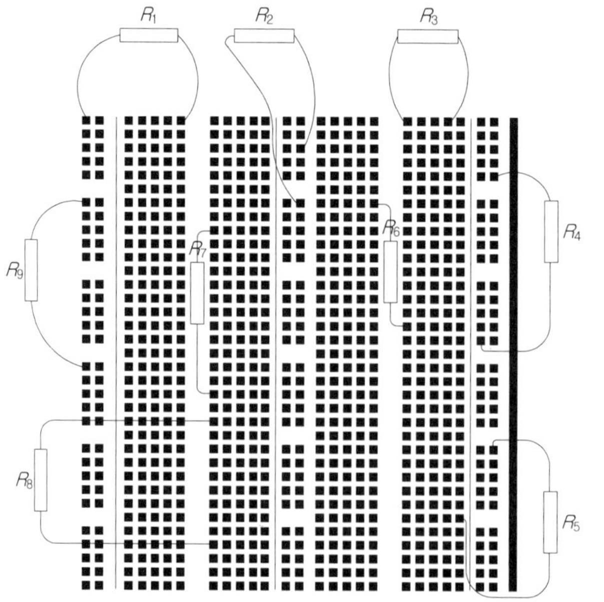

그림 4-2

(2) 위에서 연결된 저항 양단의 저항값을 브레드보드 위에서 측정한다면 얼마가 되겠는가? 그 예상값과 측정값을 표 4-1에 기록하라.

(3) 만약 측정된 저항값이 0Ω이라면 소켓 사이가 내부적으로 단락된 것이므로, 표 4-1의 접속상태에 "단락(short)"으로 기록하라. 측정된 저항값이 색띠의 저항값과 일치하면 소켓 사이가 개방되었음을 나타내므로, "개방(open)"으로 기록하라.

(4) 그림 4-2에 나타난 바와 같이 브레드보드 위에 저항 R_2부터 R_9까지 차례로 하나씩 연결하고, 실험순서 (2)와 (3)을 반복하라.

표 4-1

저 항	예상값(Ω)	측정값(Ω)	소켓 사이의 접속상태 (단락 또는 개방)
R_1			
R_2			
R_3			
R_4			
R_5			
R_6			
R_7			
R_8			
R_9			

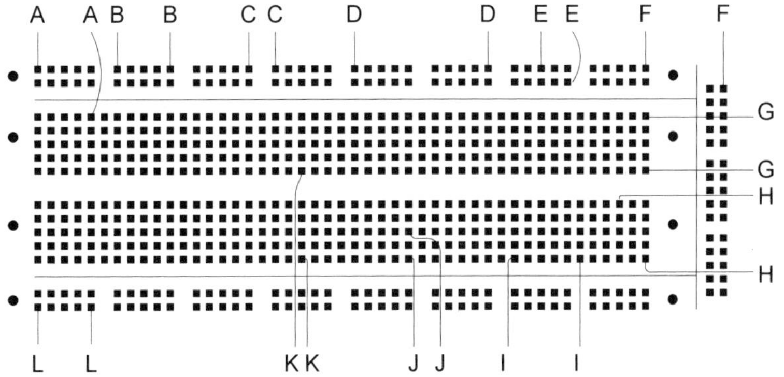

그림 4-3

(5) 그림 4-3에 나타난 바와 같이 리드선을 브레드보드 위의 A, A로 표시된 점에 각각 삽입하라.

(6) 두 점 A, A 사이의 저항을 측정한다면 저항값은 얼마가 되겠는가? 그 예상값과 측정값을 표 4-2에 기록하라.

(7) 만약 두 점 사이가 단락되었다면 표 4-2의 접속상태에 "단락"이라고 기록하고, 두 점 사이가 개방되었다면 "개방"이라고 기록하라.

(8) 표 4-2에 표시된 나머지 다른 점들에 대해서도 리드선을 차례로 하나씩 삽입하고, 실험순서 (6)과 (7)을 반복하라.

(9) 표 4-2를 완성한 후에도 브레드보드의 내부구조를 완전히 이해할 때까지 브레드보드 위의 다른 점들을 설정하여 위의 실험과정을 반복하라.

표 4-2

접속점	예상값(Ω)	측정값(Ω)	두 점 사이의 접속상태 (단락 또는 개방)
A, A			
B, B			
C, C			
D, D			
E, E			
F, F			
G, G			
H, H			
I, I			
J, J			
K, K			
L, L			

(10) 브레드보드의 작은 소켓들이 내부적으로 어떻게 연결되어 있는지, 그 연결상태를 도면 위에 직접 그려 보라.

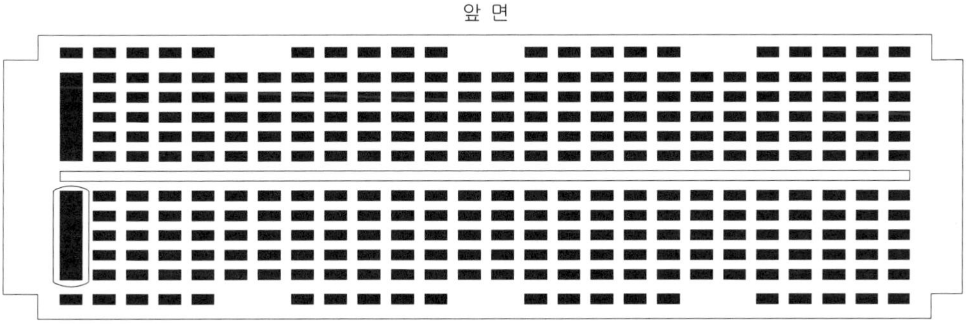

그림 4-4

실 험 보 고 서

실험제목	실험 4. 브레드보드의 내부구조			
학　　번	성　　명	실험조	실험일자	제출일자

표 4-1

저　항	예상값(Ω)	측정값(Ω)	소켓 사이의 접속상태 (단락 또는 개방)
R_1			
R_2			
R_3			
R_4			
R_5			
R_6			
R_7			
R_8			
R_9			

표 4-2

접속점	예상값(Ω)	측정값(Ω)	두 점 사이의 접속상태 (단락 또는 개방)
A, A			
B, B			
C, C			
D, D			
E, E			
F, F			
G, G			
H, H			
I, I			
J, J			
K, K			
L, L			

(10) 브레드보드의 내부 연결상태

앞 면

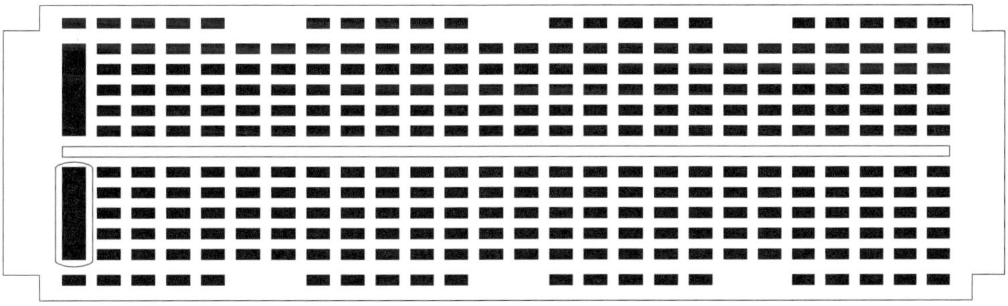

그림 4-4

실험 5. 직렬회로

목 적

1. 저항의 직렬연결과 옴의 법칙을 실험을 통해 이해한다.
2. 직렬회로에서 전압, 전류, 저항 사이의 관계를 실험을 통해 익힌다.
3. 직렬회로에 있어서 키르히호프의 전압법칙을 이해한다.

이 론

1. 직렬연결과 옴의 법칙

그림 5-1과 같이 여러 개의 저항이 직렬로 연결된 회로 양단에 전압을 인가하면 각 소자를 통하여 흐르는 전류는 모두 동일하다.

$$I = I_1 = I_2 = \cdots = I_n$$

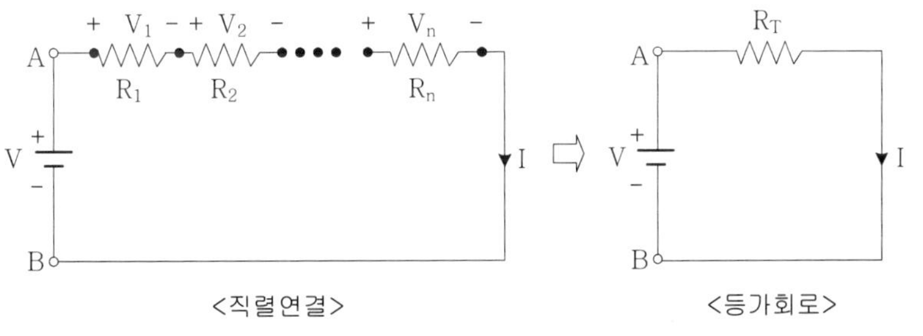

그림 5-1 저항의 직렬연결

이와 같은 회로에 흐르는 전류는 회로에 인가하는 전압에 비례하고 저항에 반비례한다. 이를 옴의 법칙(Ohm's Law)이라 한다.

$$I = V/R_T$$

직렬회로에서 전체 합성저항은 각각의 저항을 모두 합한 것과 같다.

$$R_T = R_1 + R_2 + \cdots + R_n$$

한편 저항 R_1, R_2, … R_n의 양단에 걸리는 전압은 옴의 법칙으로부터 구할 수 있다. 즉,

$$V_1 = I \cdot R_1,$$

$$V_2 = I \cdot R_2,$$

$$\cdots$$

$$V_n = I \cdot R_n$$

2. 키르히호프의 전압법칙

키르히호프의 전압법칙(Kirchhoff's voltage law)이란 회로망 내의 임의의 폐회로를 한 쪽 방향으로 일주하면서 취한 전압원의 합은 전압강하의 합과 같다는 것이다. 이것은 공급된 전압원과 전압강하의 평형성을 나타낸 법칙이다.

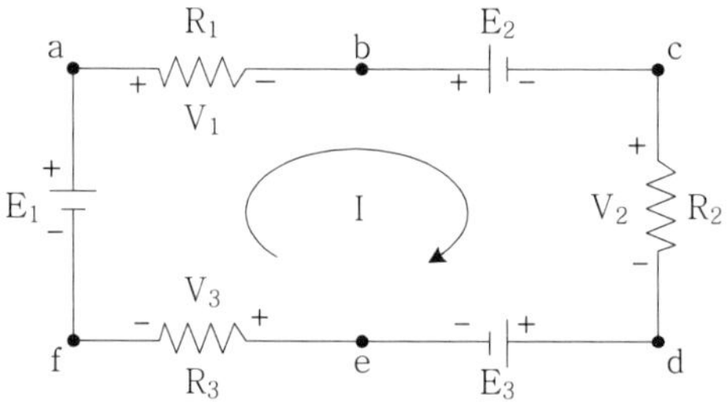

그림 5-2 키르히호프의 전압법칙

그림 5-2 회로는 3개의 전압원과 3개의 저항으로 구성되어 있다. 폐회로를 일주할 때 저항양단의 전압강하는 전류가 흘러 들어가는 곳이 (+)이고, 흘러 나오는 쪽이 (-)가 된다. 그림 5-2에서 시계방향으로 일주하면서 취한 전압강하의 합은

$$I \cdot R_1 + I \cdot R_2 + I \cdot R_3$$

이 되고 전압원의 합은

$$E_1 - E_2 - E_3$$

가 된다. 따라서 회로를 일주하면서 취한 전압원의 합은 전압강하의 합과 같다. 즉,

$$E_1 - E_2 - E_3 = I \cdot R_1 + I \cdot R_2 + I \cdot R_3$$

사용기기 및 부품

1. 전원공급기
2. 브레드보드
3. 디지털 멀티미터
4. 저항 : 470Ω, 1kΩ, 1.5kΩ, 2kΩ, 3kΩ, 5kΩ

실험순서

1. 옴의 법칙

(1) 그림 5-3의 회로를 구성하라 (R=1kΩ).

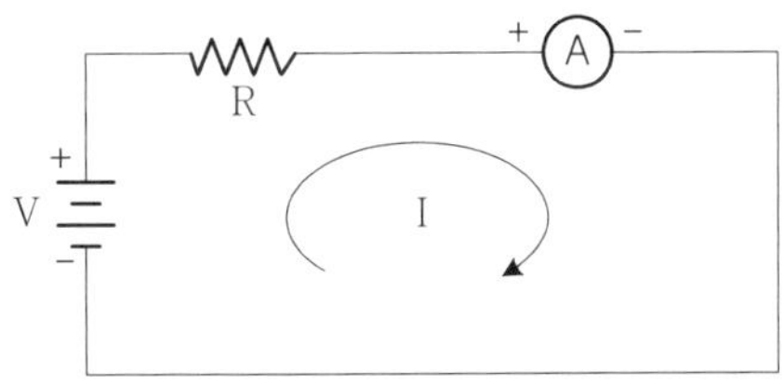

그림 5-3

(2) 표 5-1에 나타난 전압을 각각 인가하였을 때, 회로에 흐르는 전류를 계산하여 표 5-1의 둘째 줄에 기록하라.

(3) 표 5-1에 나타난 전압을 각각 인가하였을 때, 회로에 흐르는 전류를 측정하여 표 5-1의 셋째 줄에 기록하라.

(4) 실험 (3)의 측정전류에 대한 인가전압의 비(V/I_m)를 표 5-1의 넷째 줄에 기록하고, 옴의 법칙이 성립함을 확인하라.

표 5-1 (R=1kΩ)

인가전압 V	1V	2V	3V	4V	5V	6V	7V	8V	9V	10V
계산전류 I_c(mA)										
측정전류 I_m(mA)										
V/I_m										

(5) 저항 R을 2.2 kΩ으로 교체한 후 인가전압 V를 증가시키면서 회로에 흐르는 전류의 계산값과 측정값, 측정전류에 대한 인가전압의 비(V/I_m)를 표 5-2에 기록하고, 옴의 법칙이 성립함을 확인하라.

표 5-2 (R=2.2kΩ)

인가전압 V	1V	2V	3V	4V	5V	6V	7V	8V	9V	10V
계산전류 I_c(mA)										
측정전류 I_m(mA)										
V/I_m										

2. 키르히호프의 전압법칙

(1) 그림 5-4의 회로를 구성하라.

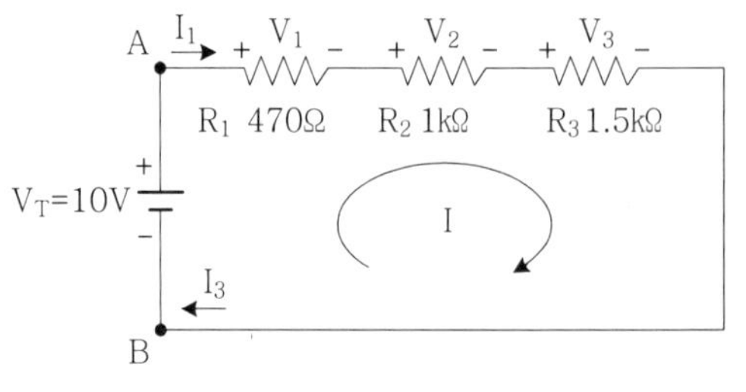

그림 5-4

(2) 전원을 제거시킨 후, A-B 양단의 합성저항을 측정하라.

R_T = ____________ kΩ

(3) 합성저항 $R_T = R_1 + R_2 + R_3$가 되는지 확인하고, 차이가 있다면 원인은 무엇인가?

(4) A-B 양단에 $V_T = 10\,V$ 전압을 인가했을 때 흐르는 전류 I를 계산하라.

I = ____________ mA

(5) A점을 개방(open)하고 전류계로 회로에 흐르는 전류 I_1를 측정하라(극성을 반드시 표시할 것).

I_1 = ____________ mA

(6) A점은 다시 연결하고 B점을 개방하여 전류계로 회로에 흐르는 전류 I_3를 측정하라(극성을 반드시 표시할 것).

I_3 = ____________ mA

(7) 위의 실험에서 $I = I_1 = I_3$임을 확인하고, 차이가 있다면 원인은 무엇인가?

(8) B점을 다시 연결하고 각 저항 양단에서의 전압강하를 측정하라(극성을 반드시 표시할 것).

V_1 = ____________ V

V_2 = ____________ V

V_3 = ____________ V

(9) 실험 (8)의 측정값을 이용하여 그림 5-4의 회로에서 키르히호프의 전압법칙이 성립함을 확인하라(즉, $V_T = V_1 + V_2 + V_3$).

(10) 그림 5-5의 회로를 구성하라.

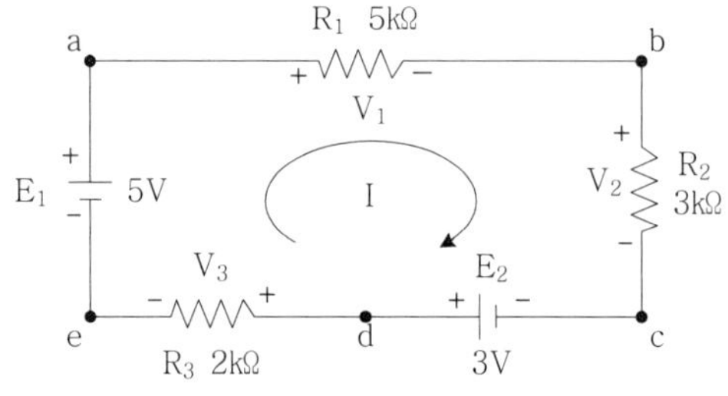

그림 5-5 키르히호프의 전압법칙

(11) a점을 개방하여 전류계로 회로에 흐르는 전류 I를 측정하라(극성을 반드시 표시할 것).

$I =$ ______________ mA

(12) a점을 다시 연결하고 각 저항 양단에서의 전압강하를 측정하라(극성을 반드시 표시할 것).

$V_1 =$ ______________ V

$V_2 =$ ______________ V

$V_3 =$ ______________ V

(13) 실험 (12)의 측정값을 사용하여 그림 5-5의 회로에서 키르히호프의 전압법칙이 성립함을 확인하라(즉, $E_1 + E_2 = V_1 + V_2 + V_3$).

실 험 보 고 서

실험제목	실험 5. 직렬회로			
학　번	성　명	실험조	실험일자	제출일자

1. 옴의 법칙

표 5-1 (R=1kΩ)

인가전압 V	1V	2V	3V	4V	5V	6V	7V	8V	9V	10V
계산전류 I_c(mA)										
측정전류 I_m(mA)										
V/I_m										

표 5-2 (R=2.2kΩ)

인가전압 V	1V	2V	3V	4V	5V	6V	7V	8V	9V	10V
계산전류 I_c(mA)										
측정전류 I_m(mA)										
V/I_m										

2. 키르히호프의 전압법칙

(2) R_T = ________________ kΩ

(3)

(4) I = ______________ mA

(5) I_1 = ______________ mA

(6) I_3 = ______________ mA

(7)

(8) V_1 = ______________ V

V_2 = ______________ V

V_3 = ______________ V

(9)

(11) I = ______________ mA

(12) V_1 = ______________ V

V_2 = ______________ V

V_3 = ______________ V

(13)

실험 6. 병렬회로

목 적

1. 병렬회로에서 전압, 전류, 저항 사이의 관계를 실험을 통해 익힌다.
2. 병렬회로에 있어서 키르히호프의 전류법칙을 이해한다.

이 론

1. 병렬회로의 전기적 특성

그림 6-1과 같이 2개 이상의 소자(저항)가 서로 다른 전류 통로를 형성하면서도 동일한 전압이 인가될 수 있도록 연결된 회로를 병렬회로라 한다. 따라서 병렬회로의 각 가지 양단에 걸리는 전압은 인가전압의 크기와 동일하다.

$$V = V_1 = V_2 = \cdots = V_n$$

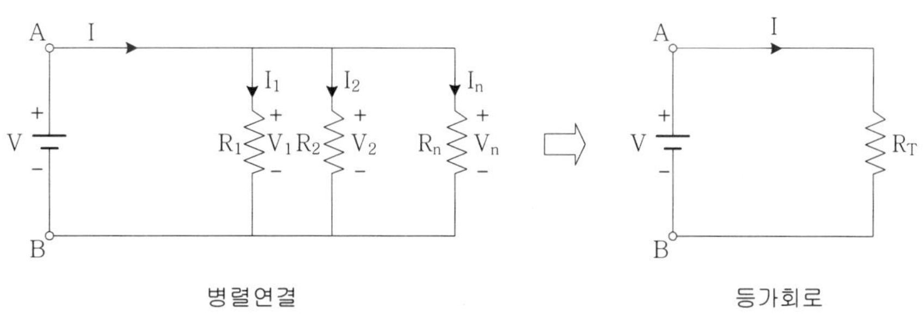

그림 6-1 저항의 병렬연결

병렬회로에서 각 가지저항 $R_1, R_2, \cdots R_n$을 통해 흐르는 전류는 전압원을 각 가지저항으로 나눈 값으로, 각 가지저항의 크기에 반비례한다. 즉,

$$I_1 = V/R_1,$$

$$I_2 = V/R_2,$$

$$\cdots$$

$$I_n = V/R_n$$

그리고 병렬회로에서의 합성저항은 각 가지저항의 역수를 취하여 합한 것의 역수를 취하면 된다. 즉, 병렬회로의 합성저항 R_T는

$$R_T = 1/(1/R_1 + 1/R_2 + \cdots + 1/R_n)$$

이다.

2. 키르히호프의 전류법칙

키르히호프의 전류법칙(Kirchhoff's current law)에 따르면 회로망 내에서 임의의 한 접합점에 흘러 들어온 전류의 합은 흘러나간 전류의 합과 같다.

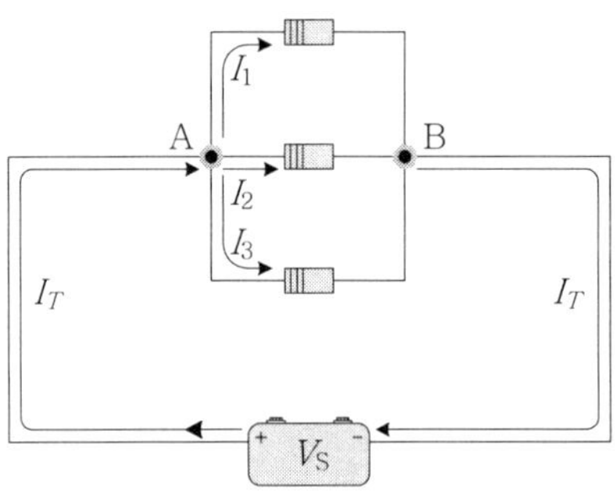

그림 6-2 키르히호프의 전류법칙

그림 6-2에서 접합점 A로 흘러 들어오는 전류는 I_T이고, 흘러 나가는 전류는 I_1, I_2, I_3이므로

$$I_T = I_1 + I_2 + I_3$$

가 된다. 위의 식에서 흘러나가는 전류를 좌변으로 이항하면

$$I_T + (-I_1) + (-I_2) + (-I_3) = 0$$

가 된다. 그러므로 회로망 내에서 임의의 한 점에 흘러 들어오는 전류의 대수적인 합은 0이다.

사용기기 및 부품

1. 전원공급기
2. 브레드보드
3. 디지털 멀티미터
4. 저항 : 470Ω, 1kΩ, 2.2kΩ
5. 램프 : 3개

실험순서

1. 병렬회로의 전기적 특성

(1) 그림 6-3 (a)의 직렬회로를 구성하라.

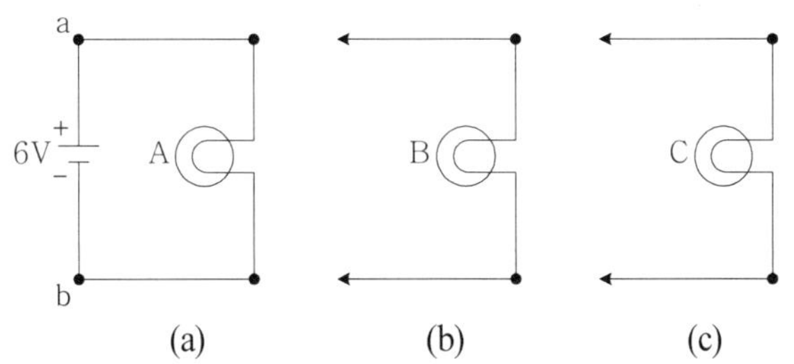

그림 6-3

(2) 그림 6-3의 병렬회로에서 전원 6V를 개방하고 a점과 b점 사이의 합성저항을 디지털 멀티미터로 측정하라.

R_T = ______________ Ω

(3) 회로에 전원을 연결하고 a점에 흐르는 전체전류 I_{TA}를 측정하라.

$$I_{TA} = \underline{\qquad\qquad} \text{mA}$$

(4) 램프 B를 램프 A와 병렬로 접속하고 a점에 흐르는 전체전류 I_{TB}를 측정하라.

$$I_{TB} = \underline{\qquad\qquad} \text{mA}$$

(5) 램프 C를 추가로 병렬로 접속하고 a점에 흐르는 전체전류 I_{TC}를 측정하라.

$$I_{TC} = \underline{\qquad\qquad} \text{mA}$$

(6) 전원에 램프를 병렬로 접속할 때마다 전체전류가 증가하는 이유는 무엇인가?

(7) 6V 전원에 병렬로 램프 A, B, C를 하나씩 추가할 때 램프 A의 밝기는 변화되는가? 그 이유는 무엇인가?

2. 키르히호프의 전류법칙

(1) 그림 6-4의 병렬회로를 구성하라.

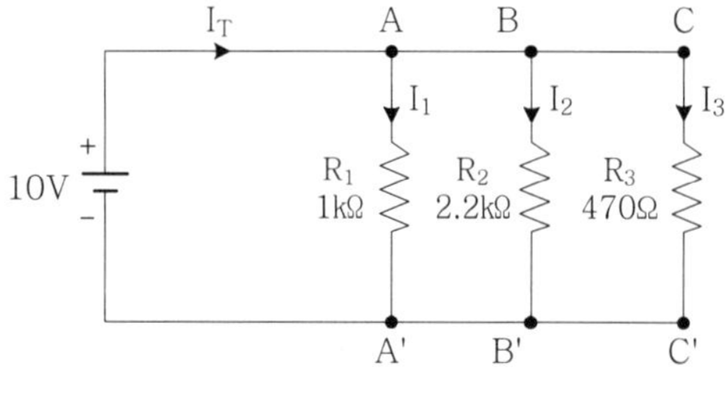

그림 6-4 병렬회로

(2) 그림 6-4의 병렬회로에서 합성저항 R_T를 계산하라.

$$R_T = \underline{\qquad\qquad} \Omega$$

(3) 그림 6-4의 병렬회로에서 전원 10V를 개방하고 A점과 A′점 사이의 합성저항을 디지털 멀티미터로 측정하라.

$$R_T = \underline{\hspace{4cm}}\ \Omega$$

(4) 회로에 전원을 연결하고 A점과 A′점의 전압 $V_{AA'}$, B점과 B′점의 전압 $V_{BB'}$, C점과 C′점의 전압 $V_{CC'}$를 측정하고 $V_{AA'} = V_{BB'} = V_{CC'}$임을 확인하라.

$$V_{AA'} = \underline{\hspace{4cm}}\ \mathrm{V}$$

$$V_{BB'} = \underline{\hspace{4cm}}\ \mathrm{V}$$

$$V_{CC'} = \underline{\hspace{4cm}}\ \mathrm{V}$$

(5) 그림 6-4의 병렬회로에서 I_T, I_1, I_2, I_3를 계산하라.

$$I_T = \underline{\hspace{4cm}}\ \mathrm{mA}$$

$$I_1 = \underline{\hspace{4cm}}\ \mathrm{mA}$$

$$I_2 = \underline{\hspace{4cm}}\ \mathrm{mA}$$

$$I_3 = \underline{\hspace{4cm}}\ \mathrm{mA}$$

(6) 그림 6-4의 병렬회로에서 I_T, I_1, I_2, I_3를 측정하라.

$$I_T = \underline{\hspace{4cm}}\ \mathrm{mA}$$

$$I_1 = \underline{\hspace{4cm}}\ \mathrm{mA}$$

$$I_2 = \underline{\hspace{4cm}}\ \mathrm{mA}$$

$$I_3 = \underline{\hspace{4cm}}\ \mathrm{mA}$$

(7) 측정값으로부터 절점 A에서 키르히호프의 전류법칙이 성립함을 보여라.

실 험 보 고 서

실험제목	실험 6. 병렬회로			
학 번	성 명	실험조	실험일자	제출일자

1. 병렬회로의 전기적 특성

(2) R_T = ______________ Ω

(3) I_{TA} = ______________ mA

(4) I_{TB} = ______________ mA

(5) I_{TC} = ______________ mA

2. 키르히호프의 전류법칙

(2) R_T = ______________ Ω

(3) R_T = ______________ Ω

(4) $V_{AA'}$ = ______________ V

$V_{BB'}$ = ______________ V

$V_{CC'}$ = ______________ V

(5) I_T = ________________ mA

I_1 = ________________ mA

I_2 = ________________ mA

I_3 = ________________ mA

(6) I_T = ________________ mA

I_1 = ________________ mA

I_2 = ________________ mA

I_3 = ________________ mA

실험 7. 직병렬회로

목 적

1. 직병렬회로의 결선법을 익힌다.
2. 직병렬회로의 해석법을 이해한다.

이 론

직병렬회로는 직렬회로와 병렬회로가 혼합되어 복잡하게 연결된 회로를 뜻하며 이러한 회로를 해석하는 순서는 다음과 같다.

① 회로를 직렬부분과 병렬부분으로 구분하고 각 소자에 흐르는 전류를 표시한다.
② 직렬 및 병렬로 구분된 회로의 간단한 등가회로를 그린다.
③ 옴의 법칙과 키르히호프의 법칙을 적용하여 회로를 해석한다.

그림 7-1에서 저항 R_2와 R_3는 병렬이고, 이 저항은 R_1과 직렬로 연결되어 있다. 먼저, 병렬회로의 등가저항은 다음과 같다.

$$R_{CD} = R_2 // R_3 = \frac{R_2 R_3}{R_2 + R_3}$$

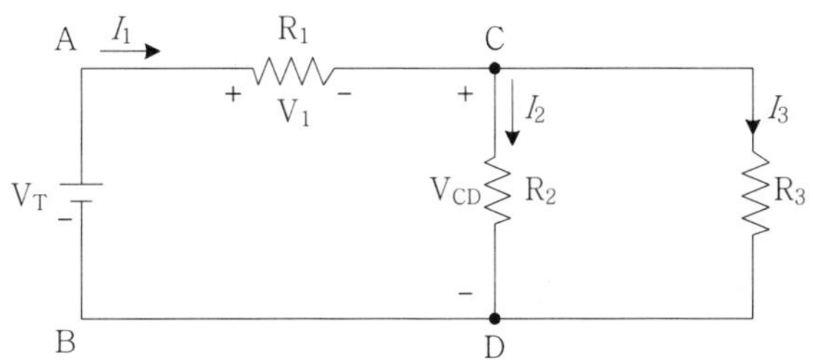

그림 7-1 직병렬회로

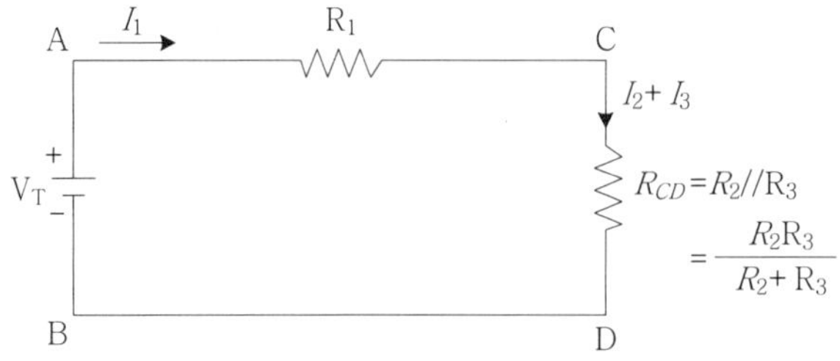

그림 7-2 병렬저항의 등가회로

그림 7-2에서 A-B 단자 간의 전체 합성저항은

$$R_T = R_1 + \frac{R_2R_3}{R_2+R_3}$$

이다.

그러므로 그림 7-1의 등가회로는 그림 7-3과 같다.

그림 7-3 직렬저항의 등가회로

이 회로에 흐르는 전체전류 $I=V_T/R_T$이다. 그림 7-1의 R_1 양단에서의 전압강하 $V_1=R_1 \cdot V_T/(R_1+R_{CD})$이고, R_{CD} 양단에서의 전압강하 $V_{CD}=R_{CD} \cdot V_T/(R_1+R_{CD})$가 된다. 여기서 키르히호프의 전압법칙에 따르면 $V_T=V_1+V_{CD}$이다.

한편 저항 R_2에 흐르는 전류 $I_2=V_{CD}/R_2$이고, R_3에 흐르는 전류 $I_3=V_{CD}/R_3$이다. 여기서 키르히호프의 전류법칙에 따르면 $I_1=I_2+I_3$이다.

사용기기 및 부품

1. 전원공급기
2. 브레드보드
3. 디지털 멀티미터
4. 저항 : 1kΩ 2개, 2.2kΩ, 2.7kΩ, 3.3kΩ, 4.7kΩ, 5.6kΩ, 6.8kΩ, 10kΩ

실험순서

(1) 그림 7-4와 같이 직병렬회로를 구성하라.

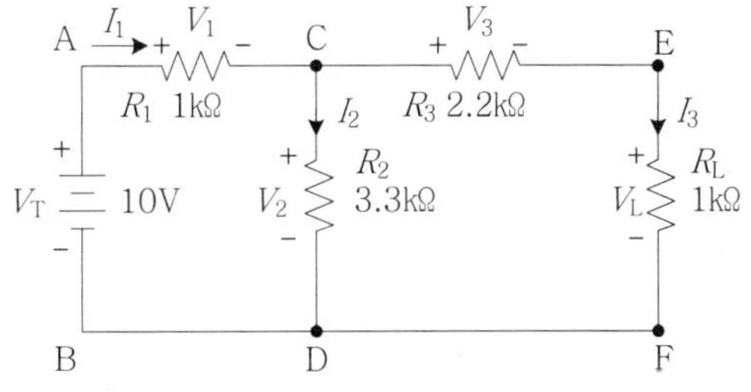

그림 7-4

(2) 그림 7-4의 직병렬회로에서 전체 합성저항 R_T를 계산하라.

R_T = ______________ Ω

(3) 그림 7-4의 직병렬회로에서 전원 10V를 개방하고 A점과 B점 사이의 합성저항을 디지털 멀티미터로 측정하라.

R_T = ______________ Ω

(4) 회로에 흐르는 각 전류를 계산하라.

I_1 = ______________ mA

I_2 = ______________ mA

I_3 = ______________ mA

(5) 회로에 흐르는 각 전류를 디지털 멀티미터를 이용하여 측정하라.

I_1 = ______________ mA

I_2 = ______________ mA

I_3 = ______________ mA

(6) 절점 C에서 키르히호프의 전류법칙이 성립함을 설명하라.

(7) 절점 D에서 키르히호프의 전류법칙이 성립함을 설명하라.

(8) 각 저항 양단에서의 전압강하를 계산하라.

V_1 = ______________ V

V_2 = ______________ V

V_3 = ______________ V

V_L = ______________ V

(9) 각 저항 양단에서의 전압강하를 측정하라.

V_1 = ______________ V

V_2 = ______________ V

V_3 = ______________ V

V_L = ______________ V

(10) 폐루프 ACDBA에서 키르히호프의 전압법칙이 성립함을 설명하라.

(11) 페루프 ACEFDBA에서 키르히호프의 전압법칙이 성립함을 설명하라.

(12) 페루프 CEFDC에서 키르히호프의 전압법칙이 성립함을 설명하라.

(13) 그림 7-5와 같이 직병렬회로를 구성하라.

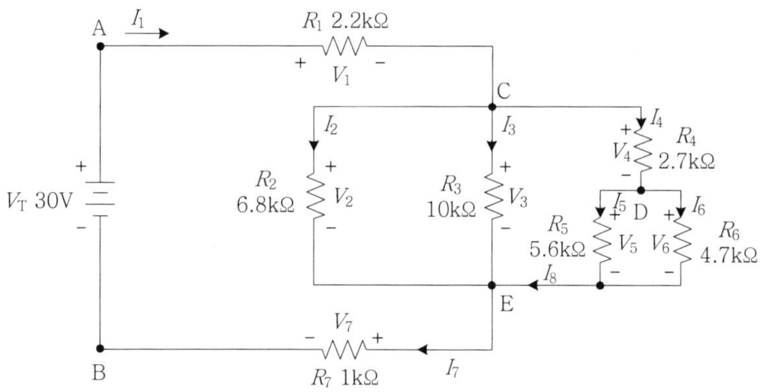

그림 7-5

(14) 그림 7-5의 직병렬회로에서 전체 합성저항 R_T를 계산하라.

R_T = ______________ Ω

(15) 그림 7-5의 직병렬회로에서 전원 30V를 개방하고 A점과 B점 사이의 합성저항을 디지털 멀티미터로 측정하라.

R_T = ______________ Ω

(16) 그림 7-5에 흐르는 각 전류를 계산하라.

I_1 = ______________ mA

I_2 = ______________ mA

I_3 = ______________ mA

I_4 = ______________ mA

I_5 = ______________ mA

I_6 = ______________ mA

I_7 = ______________ mA

I_8 = ______________ mA

(17) 그림 7-5에 흐르는 각 전류를 멀티미터를 이용하여 측정하라.

I_1 = ______________ mA

I_2 = ______________ mA

I_3 = ______________ mA

I_4 = ______________ mA

I_5 = ______________ mA

I_6 = ______________ mA

I_7 = ______________ mA

I_8 = ______________ mA

(18) 절점 C에서 키르히호프의 전류법칙이 성립함을 설명하라.

(19) 절점 D에서 키르히호프의 전류법칙이 성립함을 설명하라.

(20) 절점 E에서 키르히호프의 전류법칙이 성립함을 설명하라.

(21) 그림 7-5의 회로에서 각 저항 양단에서의 전압강하를 계산하라.

V_1 = ______________ V

V_2 = ____________ V

V_3 = ____________ V

V_4 = ____________ V

V_5 = ____________ V

V_6 = ____________ V

V_7 = ____________ V

(22) 그림 7-5의 회로에서 각 저항 양단에서의 전압강하를 측정하라.

V_1 = ____________ V

V_2 = ____________ V

V_3 = ____________ V

V_4 = ____________ V

V_5 = ____________ V

V_6 = ____________ V

V_7 = ____________ V

(23) 폐루프 ACEBA에서 키르히호프의 전압법칙이 성립함을 설명하라.

실 험 보 고 서

실험제목	실험 7. 직병렬회로			
학 번	성 명	실험조	실험일자	제출일자

(2) R_T = ______________ Ω

(3) R_T = ______________ Ω

(4) I_1 = ______________ mA

I_2 = ______________ mA

I_3 = ______________ mA

(5) I_1 = ______________ mA

I_2 = ______________ mA

I_3 = ______________ mA

(6)

(7)

(8) V_1 = ______________ V

V_2 = ______________ V

V_3 = ______________ V

V_L = ______________ V

(9) V_1 = ______________ V

V_2 = ______________ V

V_3 = ______________ V

V_L = ______________ V

(10)

(11)

(12)

(14) R_T = ______________ Ω

(15) R_T = ______________ Ω

(16) I_1 = ______________ mA

I_2 = ______________ mA

I_3 = ______________ mA

I_4 = ______________ mA

I_5 = ______________ mA

I_6 = ______________ mA

I_7 = ______________ mA

I_8 = ______________ mA

(17) I_1 = ______________ mA

I_2 = ______________ mA

I_3 = ______________ mA

I_4 = ______________ mA

I_5 = ______________ mA

I_6 = ______________ mA

I_7 = ______________ mA

I_8 = ______________ mA

(18)

(19)

(20)

(21) V_1 = ______________ V

V_2 = ______________ V

V_3 = ______________ V

V_4 = ______________ V

V_5 = ______________ V

V_6 = ______________ V

V_7 = ______________ V

(22) V_1 = ______________ V

V_2 = ______________ V

V_3 = ______________ V

V_4 = ______________ V

V_5 = ______________ V

V_6 = ______________ V

V_7 = ______________ V

(23)

실험 8. 전압분배기

목 적

전압분배기의 원리를 이해한다.

이 론

전원에 여러 개의 저항이 직렬로 연결된 경우에는 각 저항값에 따라 전압강하가 달라지므로 전원전압이 분배된다고 할 수 있다. 필요한 전압의 분배를 위해서는 2개 이상의 저항을 직렬로 연결하면 되며, 이러한 회로를 전압분배기라고 한다. 전압분배기를 구성할 때에는 가변저항(variable resistor)을 많이 사용한다. 가변저항은 그림 8-1과 같이 3단자로 구성되며 중간 탭(tap)을 기준으로 하여 2개의 서로 다른 저항값의 조정이 가능하다.

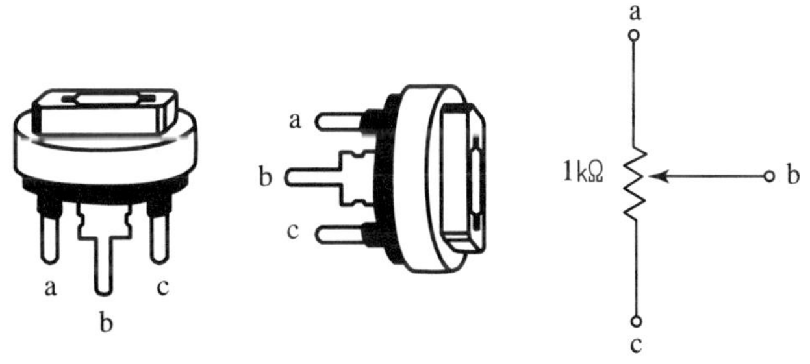

그림 8-1 가변저항

그림 8-2와 같은 전압분배기에서 저항 R_1 양단에 나타나는 전위차 V_1은

$$V_1 = V \times R_1/(R_1 + R_2)$$

이고, 저항 R_2 양단에 나타나는 전위차 V_2는

$$V_2 = V \times R_2/(R_1 + R_2)$$

이다. 그러므로 전원전압 V는 저항 R_1과 R_2에 의해 V_1과 V_2로 분배된다.

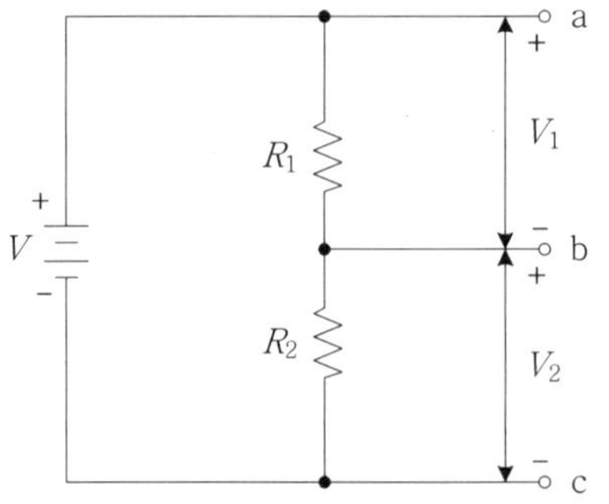

그림 8-2 직류전압분배기

사용기기 및 부품

1. 전원공급기
2. 브레드보드
3. 디지털 멀티미터
4. 저항 : 1kΩ
5. 가변저항 : 10kΩ

실험순서

(1) 그림 8-1과 같은 가변저항 10kΩ의 회전축을 반시계방향으로 최대로 회전시킨 후, 다음 저항을 측정하라(단자 b가 중간탭).

① 단자 a, b 사이의 저항 R_{ab}

R_{ab} = ______________ Ω

② 단자 b, c 사이의 저항 R_{bc}

R_{bc} = ______________ Ω

③ 단자 a, c 사이의 저항 R_{ac}

R_{ac} = ______________ Ω

(2) 가변저항의 회전축을 시계방향으로 최대로 회전시킨 후, 다음 저항을 측정하라.

① 단자 a, b 사이의 저항 R_{ab}

R_{ab} = ______________ Ω

② 단자 b, c 사이의 저항 R_{bc}

R_{bc} = ______________ Ω

③ 단자 a, c 사이의 저항 R_{ac}

R_{ac} = ______________ Ω

(3) 그림 8-3의 회로를 구성하고 표 8-1과 같이 b, c 양단의 전압 V_{bc}를 0V에서부터 10V까지 1V씩 증가하도록 가변저항 10kΩ을 조정하면서 다음 값들을 측정하라.

① a, b 양단의 전압 V_{ab}

② a, b 양단의 저항 R_{ab}

③ b, c 양단의 저항 R_{bc}

※ 저항을 측정할 경우 전원전압을 반드시 제거한 후 측정할 것.

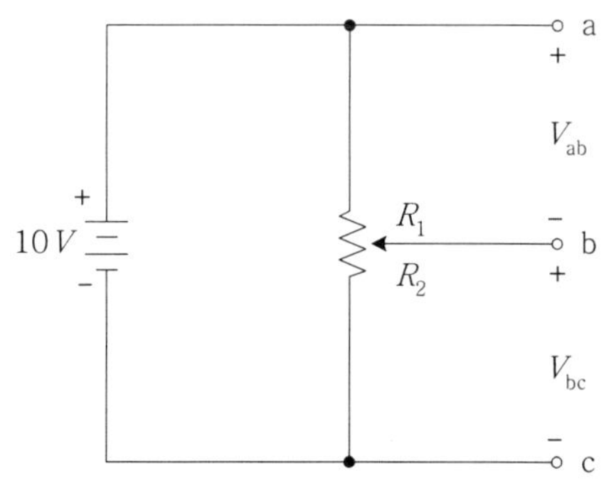

그림 8-3 전압분배기

표 8-1

V_{bc}	0V	1V	2V	3V	4V	5V	6V	7V	8V	9V	10V
V_{ab}											
R_{bc}											
R_{ab}											

(4) V_{bc}가 3V일 때 $V_{bc}/V_{ac}=R_{bc}/R_{ac}$가 성립함을 확인하라.

(5) V_{bc}가 7V일 때 $V_{bc}/V_{ac}=R_{bc}/R_{ac}$가 성립함을 확인하라.

(6) 그림 8-4의 회로를 구성하고 표 8-2와 같이 b, c 양단의 전압 V_{bc}를 0V에서부터 10V까지 1V씩 증가하도록 가변저항을 조정하면서 다음 값들을 측정하라.

① a, b 양단의 전압 V_{ab}

② a, b 양단의 저항 R_{ab}

③ b, c 양단의 저항 R_{bc}

※ 저항을 측정할 경우 전원전압을 반드시 제거한 후 측정할 것.

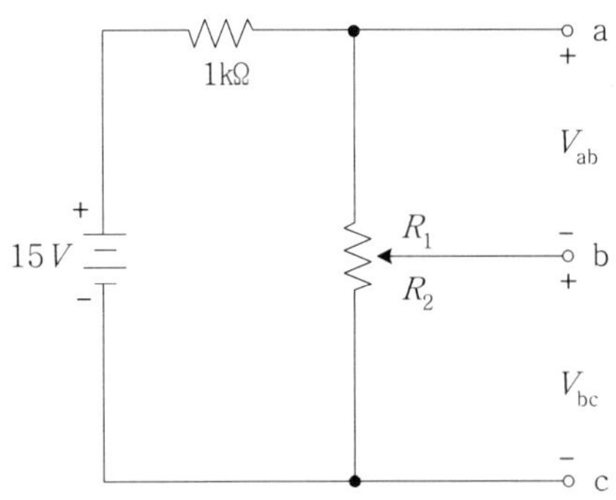

그림 8-4 전압분배기

표 8-2

V_{bc}	0V	1V	2V	3V	4V	5V	6V	7V	8V	9V	10V
V_{ab}											
R_{bc}											
R_{ab}											

실 험 보 고 서

실험제목	실험 8. 전압분배기			
학 번	성 명	실험조	실험일자	제출일자

(1) ① 단자 a, b 사이의 저항 R_{ab}

$$R_{ab} = \underline{\hspace{3cm}}\ \Omega$$

② 단자 b, c 사이의 저항 R_{bc}

$$R_{bc} = \underline{\hspace{3cm}}\ \Omega$$

③ 단자 a, c 사이의 저항 R_{ac}

$$R_{ac} = \underline{\hspace{3cm}}\ \Omega$$

(2) ① 단자 a, b 사이의 저항 R_{ab}

$$R_{ab} = \underline{\hspace{3cm}}\ \Omega$$

② 단자 b, c 사이의 저항 R_{bc}

$$R_{bc} = \underline{\hspace{3cm}}\ \Omega$$

③ 단자 a, c 사이의 저항 R_{ac}

$$R_{ac} = \underline{\hspace{3cm}}\ \Omega$$

(3)

표 8-1

V_{bc}	0V	1V	2V	3V	4V	5V	6V	7V	8V	9V	10V
V_{ab}											
R_{bc}											
R_{ab}											

(4)

(5)

(6)

표 8-2

V_{bc}	0V	1V	2V	3V	4V	5V	6V	7V	8V	9V	10V
V_{ab}											
R_{bc}											
R_{ab}											

실험 9. 전류계의 분류기

목 적

분류기를 사용하여 전류계의 측정범위를 확대시키는 방법을 배운다.

이 론

전류계의 측정범위를 확대시키기 위해 계기와 병렬로 저항을 접속하여 사용하는데 이 저항을 분류기라 한다.

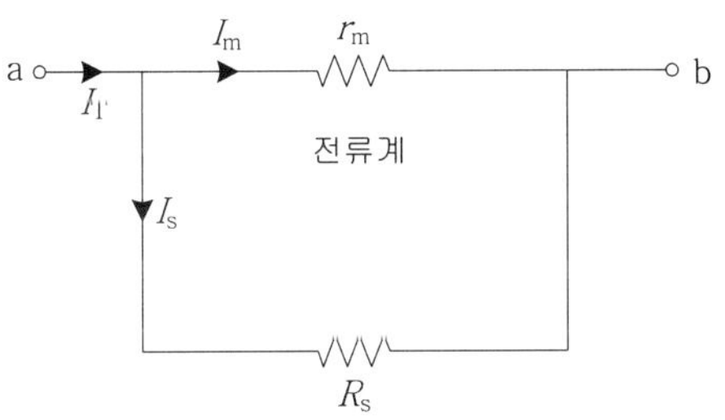

r_m : 계기의 내부저항
I_m : 계기의 최대 편위전류
R_s : 분류기의 저항
I_T : 측정할 전류의 최대값
I_s : 분류기로 흐르는 전류

그림 9-1 전류계의 분류기

그림 9-1에서 단자 a, b 양단의 전압은 다음과 같다.

$$I_m r_m = I_s R_s = (I_T - I_m) R_s$$

따라서 분류기를 접속하였을 때 측정할 수 있는 최대 전류 I_T는

$$I_T = \left(1 + \frac{r_m}{R_s}\right) I_m$$

즉, 계기의 최대 편위전류 I_m의 $(1 + r_m / R_s)$배까지 측정할 수 있다. 그러므로 분류

기 R_s를 적절히 선택함으로써 전류계의 측정범위를 확장할 수 있다. 그리고 분류기의 저항 R_s를 구하는 식을 유도하면 다음과 같다.

$$R_s = \left(\frac{I_m}{I_T - I_m} \right) r_m$$

사용기기 및 부품

1. 전원공급기
2. 브레드보드
3. 멀티테스터
4. 저항 : 15Ω, 1kΩ, 5kΩ
5. 가변저항 : 1kΩ
6. 전류계 : 50mA, 250Ω

실험순서

(1) 최대 편위전류 50mA, 내부저항 250Ω인 계기를 사용하여 250mA의 전류를 측정할 수 있는 회로를 설계하라.

(2) 그림 9-2와 같이 회로를 구성하라.

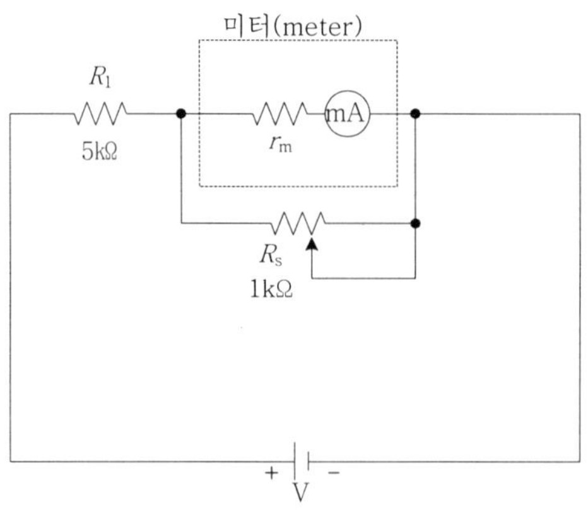

그림 9-2

(3) 테스터의 전환 스위치를 DC 2.5㎃의 위치에 놓는다.

(4) 회로에서 가변저항 R_s를 제거하고 5㏀의 저항을 계기와 직렬로 연결한다. 전원공급기의 전압을 증가시키면서 계기의 지침이 최대 눈금을 지시하도록 한다. 이제 가변저항 R_s를 계기와 병렬로 접속한다. 이 때 전원공급기의 전압은 변화시키지 않는다.

(5) R_s를 조정하여 테스터 눈금의 반의 위치가 되도록 한다. 전원공급기를 OFF하고 R_s를 제거한 후 그 저항값을 측정한다. 이 저항값이 계기의 내부저항 r_m이다.

r_m = ______________ Ω

(6) 그림 9-3과 같이 회로를 구성하라.

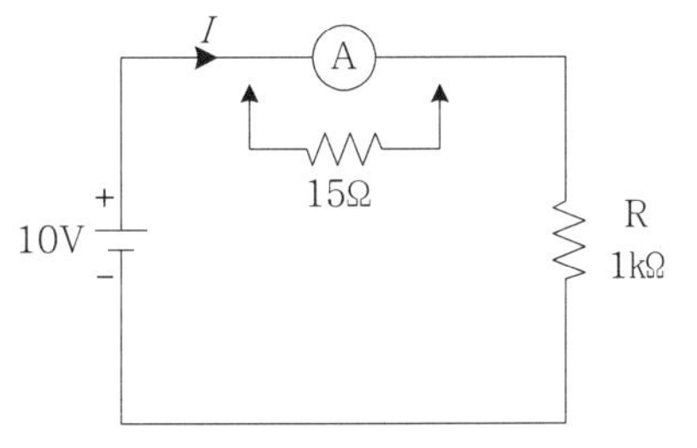

그림 9-3 분류기 실험회로

(7) 테스터의 전환 스위치를 DC 25㎃의 위치에 놓는다.

(8) 그림 9-3의 회로에 흐르는 전류를 측정하라.

I = ______________ mA

(9) 테스터의 전환 스위치를 DC 2.5㎃의 위치에 놓는다.

(10) 전류계와 병렬로 분류기 저항 15Ω을 연결하고 테스터로 전류를 측정하라.

I = ______________ mA

(11) 실험 (8)과 (10)에서 측정한 전류로부터 DC 2.5㎃ 범위일 때 내부저항을 구하라.

$$r_m = \underline{\hspace{3cm}} \Omega$$

(12) 실험 (11)에서 구한 내부저항과 실험 (10)의 분류기를 이용하여 측정한 전류로부터 실제 회로에 흐르는 전류를 구하라.

$$I = \underline{\hspace{3cm}} \text{mA}$$

(13) 실험 (8)~(11)과 같은 방법으로 DC 25㎃ 범위일 때 내부저항을 구하라.

$$r_m = \underline{\hspace{3cm}} \Omega$$

실 험 보 고 서

실험제목	실험 9. 전류계의 분류기			
학　　번	성　　명	실험조	실험일자	제출일자

(1) 최대 편위전류 50㎃, 내부저항 250Ω인 계기를 사용하여 250㎃의 전류를 측정할 수 있는 회로를 설계하라.

(5) r_m = ________________ Ω

(8) I = ________________ mA

(10) I = ________________ mA

(11) r_m = ________________ Ω

(12) I = ________________ mA

(13) r_m = ________________ Ω

실험 10. 전압계의 배율기

목 적

배율기를 사용하여 전압계의 측정범위를 확대시키는 방법을 배운다.

이 론

전류계를 전압계로 대체시키는 방법은 직류미터의 눈금판 위에 전류눈금 대신 최대 눈금이 $V_m = I_m \times r_m$ (I_m : 계기의 최대 편위전류, r_m : 계기의 내부저항)이 되도록 전압 눈금을 일정하게 표시하면 된다. 내부저항이 50Ω, 최대 편위전류가 1㎃인 전류계에서 만일 1㎃의 전류가 흐르면 계기 양단에는 50㎷의 전압강하가 나타난다. 만일 0V에서 50㎷까지 가변시킬 수 있는 전원이 있다면, 이 전류계는 직접 ㎷로 눈금을 나타낼 수 있으므로 전압계로 사용 가능하다. 그러나 이 경우 50㎷ 이상의 전압을 측정할 수 없으므로 계기의 측정범위를 확대시켜야 한다. 이 때 최대 편위전류가 항상 제한되어 있으므로 이를 고려하여야 한다.

전압계의 측정범위를 확대시키기 위해 기본 전압계와 직렬로 저항을 접속하여 사용하는데 이 저항을 배율기라 한다.

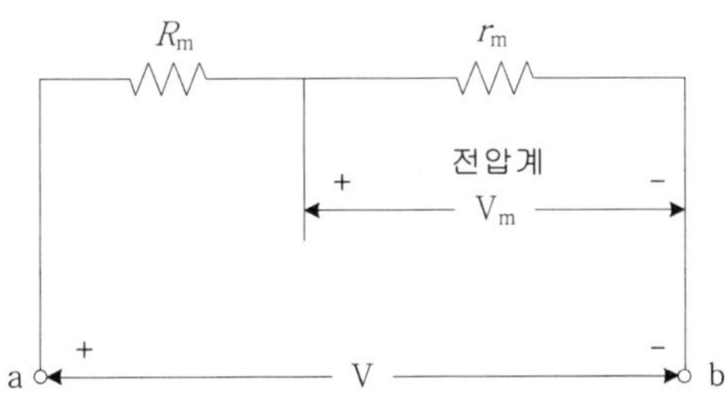

r_m : 전압계의 내부저항
V_m : 전압계의 최대지시전압
R_m : 배율기의 저항
V : 측정할 전압의 최대값

그림 10-1 전압계의 배율기

전압계에 흐를 수 있는 최대전류 I_m은

$$I_m = V/(r_m + R_m) = V_m/r_m$$

이다. 그러므로 측정할 수 있는 최대전압 V는

$$V = \left(1 + \frac{R_m}{r_m}\right)V_m$$

이다. 즉, 전압계의 최대지시전압 V_m의 $(1+R_m/r_m)$배의 전압까지 측정할 수 있다. 그러므로 배율기 R_m을 적절히 선택함으로써 전압계의 측정범위를 확장할 수 있다. 그리고 배율기의 저항 R_m을 구하는 식을 유도하면 다음과 같다.

$$R_m = \left(\frac{V}{V_m} - 1\right)r_m$$

사용기기 및 부품

1. 전원공급기
2. 브레드보드
3. 멀티테스터
4. 저항 : 90㏀, 330㏀
5. 가변저항 : 1㏁

실험순서

(1) 테스터의 전환스위치를 DC 2.5V 위치에 놓아라.

(2) 전원공급기에 테스터의 리드선을 접속하고 계기의 최대눈금에 도달할 때까지 전원공급기의 전압을 증가시킨다.

(3) 리드선을 제거하고 그림 10-2와 같이 테스터(전압계)와 직렬로 1㏁의 가변저항을 연결한다. 이 때 전원공급기의 전압은 변화시키지 않는다.

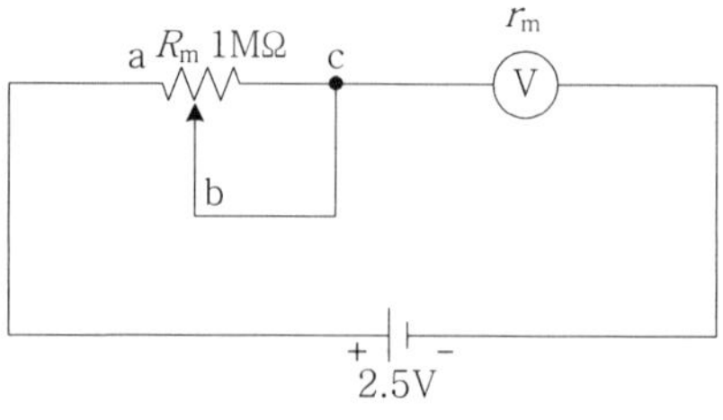

그림 10-2

(4) 다시 테스터의 리드선을 접속하고 1MΩ의 가변저항을 조정하여 계기의 지침이 최대눈금의 반의 위치가 되도록 한다.

(5) 전원공급기의 스위치를 끄고 회로의 결선을 끊은 후, 가변저항 a, b점 사이의 저항을 측정하라. 이 저항값이 계기의 내부저항 r_m과 동일하다.

$$r_m = \underline{\qquad\qquad\qquad} \Omega$$

(6) 전원공급기의 공급전압을 5V가 될 때까지 서서히 증가시킨다.

(7) 테스터의 전환 스위치를 DC 10V의 위치에 놓아라.

(8) 전원공급기의 전압을 테스터로 측정하라.

$$V = \underline{\qquad\qquad\qquad} \mathrm{V}$$

(9) 테스터의 전환 스위치를 DC 2.5V의 위치에 놓아라.

(10) 배율기로 90kΩ을 테스터 리드와 직렬로 연결하여 전원공급기의 출력전압을 측정하라.

$$V = \underline{\qquad\qquad\qquad} \mathrm{V}$$

(11) 실험 (8)과 (10)에서 측정한 전압으로부터 DC 2.5V 범위일 때 내부저항을 구하라.

$$r_m = \underline{\qquad\qquad\qquad} \Omega$$

(12) 실험 (11)에서 구한 내부저항과 실험 (10)의 배율기를 이용하여 측정한 전압으로부터 실제 전원공급기의 전압을 구하라.

$$V = \underline{\qquad\qquad\qquad} \mathrm{V}$$

(13) 전원공급기의 공급전압을 15V가 될 때까지 서서히 증가시킨다.

(14) 테스터의 전환 스위치를 DC 50V의 위치에 놓아라.

(15) 전원공급기의 전압을 테스터로 측정하라.

$$V = \underline{\hspace{6em}} \text{V}$$

(16) 테스터의 전환 스위치를 DC 10V의 위치에 놓아라.

(17) 배율기로 330kΩ을 테스터 리드와 직렬로 연결하여 전원공급기의 출력전압을 측정하라.

$$V = \underline{\hspace{6em}} \text{V}$$

(18) 실험 (15)와 (17)에서 측정한 전압으로부터 DC 10V 범위일 때 내부저항을 구하라.

$$r_m = \underline{\hspace{6em}} \Omega$$

(19) 실험 (18)에서 구한 내부저항과 실험 (17)의 배율기를 이용하여 측정한 전압으로부터 실제 전원공급기의 전압을 구하라.

$$V = \underline{\hspace{6em}} \text{V}$$

실 험 보 고 서

실험제목	실험 10. 전압계의 배율기			
학　　번	성　　명	실험조	실험일자	제출일자

(5) r_m = ______________ Ω

(8) V = ______________ V

(10) V = ______________ V

(11) r_m = ______________ Ω

(12) V = ______________ V

(15) V = ______________ V

(17) V = ______________ V

(18) r_m = ______________ Ω

(19) V = ______________ V

실험 11. 중첩의 원리

목 적

1. 중첩의 원리를 실험을 통해 이해한다.
2. 여러 개의 전원을 갖는 회로를 중첩의 원리를 이용하여 해석하는 방법을 배운다.

이 론

중첩의 원리에 의하면 "여러 개의 전원을 포함하는 선형 회로망에서 회로 내의 임의의 점에 흐르는 전류 또는 임의의 두 점 사이에 나타나는 전압은, 각각의 전원이 개별적으로 작용할 때 그 점에 흐르는 전류 또는 그 두 점 사이에 나타나는 전압을 합한 것과 같다". 여기서 각각의 전원을 개별적으로 작용하게 하는 방법은 나머지 다른 전원들을 모두 제거시키는 것이다. 전원을 제거시키는 방법은 전원을 그들의 내부저항으로 대체시키면 된다. 특히, 이상적인 경우 전압원의 내부저항은 0Ω이므로 단락회로(short circuit)로 나타내고, 전류원의 내부저항은 무한대이므로 개방회로(open circuit)로 나타낸다.

이상에서 설명한 중첩의 원리를 요약하여 단계별로 적용시키는 방법을 설명하면 다음과 같다.

단계 1 : 먼저 1개의 전원을 제외한 나머지 다른 전원들은 그들의 내부저항으로 대체시킨다. 이상적인 경우 전압원은 단락회로로, 전류원은 개방회로로 대체한다.

단계 2 : 단계 1에서 설정된 회로에 대해, 임의의 점에 흐르는 전류 또는 그 두 점 사이에 나타나는 전압을 구한다.

단계 3 : 나머지 다른 모든 전원에 대해서도 단계 1과 2의 과정을 반복한다.

단계 4 : 단계 2와 3에서 구한 모든 전류 또는 전압을 합하면, 여러 개의 전원을 포함하는 선형 회로망에서 회로 내의 임의의 점에 흐르는 전류 또는 임의의 두 점 사이에 나타나는 전압이 된다.

예를 들어, 그림 11-1과 같은 회로에 중첩의 원리를 적용하여 R_2에 흐르는 전류 I를 구하는 과정을 단계별로 설명하면 다음과 같다.

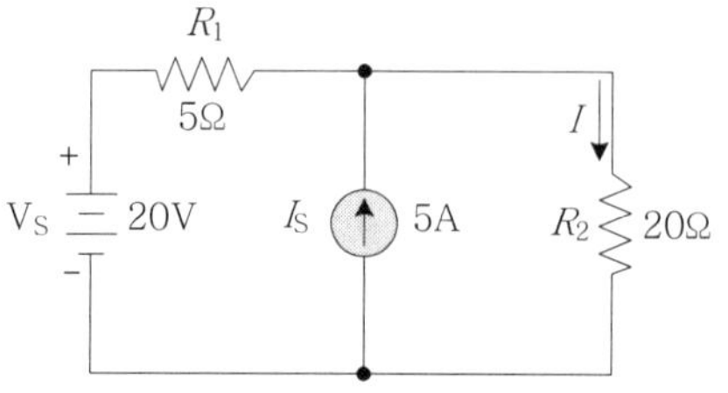

그림 11-1 중첩의 원리

단계 1 : 먼저, 전압원 V_S만에 의한 전류 I_1을 구하기 위해 전류원 I_S를 개방회로로 대체하면, 그림 11-1 (a)와 같은 회로를 얻을 수 있다.

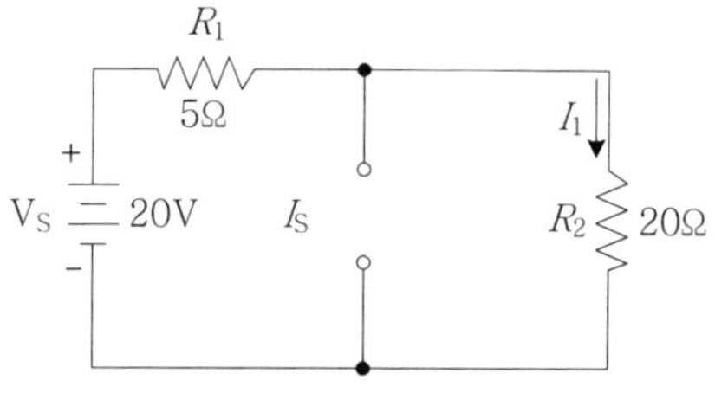

그림 11-1 (a)

단계 2 : 그림 11-1 (a)의 회로에서 V_S만에 의한 전류 I_1을 구한다.

$$I_1 = \frac{V_S}{R_1 + R_2} = \frac{20V}{25\Omega} = 0.8A$$

단계 3 : 다음으로, 전류원 I_S만에 의한 전류 I_2를 구하기 위해 전압원 V_S를 단락회로로 대체하면, 그림 11-1 (b)와 같은 회로를 얻을 수 있다.

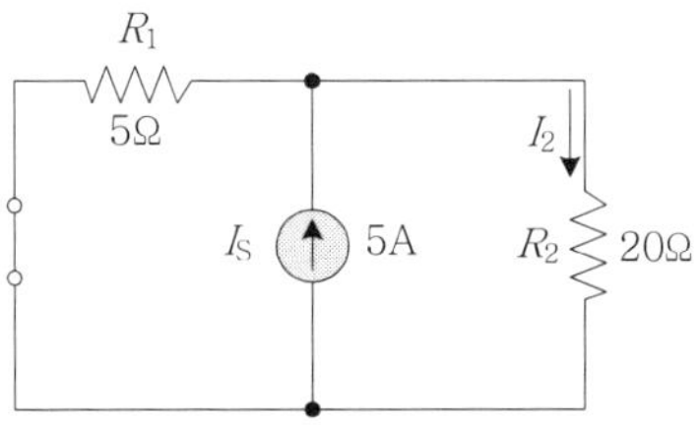

그림 11-1 (b)

단계 4 : 그림 11-1 (b)의 회로에서 I_S만에 의한 전류 I_2를 구한다.

$$I_2 = \left(\frac{R_1}{R_1 + R_2}\right) I_S = \left(\frac{5\,\Omega}{25\,\Omega}\right) 5A = 1A$$

단계 5 : 따라서 R_2에 흐르는 전류 I는 단계 2와 4에서 구한 I_1과 I_2를 합하면 된다.

$$I = I_1 + I_2 = 0.8A + 1A = 1.8A$$

이러한 중첩의 원리는 모든 회로망 정리의 기본이며 회로망 해석에 널리 이용되고 있다. 특히, 한 회로망 내에 포함된 전원의 주파수가 서로 다른 회로에서 전압이나 전류를 구하는데 아주 유용하게 이용된다.

사용기기 및 부품

1. 전원공급기
2. 브레드보드
3. 디지털 멀티미터
4. 저항 : 1kΩ, 2kΩ, 3kΩ

실험순서

(1) 그림 11-2의 회로에서 중첩의 원리를 적용하여 각 저항에 흐르는 전류를 계산하라.

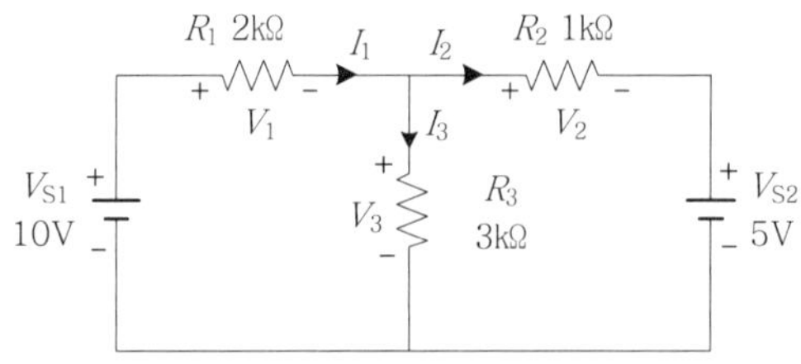

그림 11-2

① 전압원 V_2가 제거되었을 때 각 저항에 흐르는 전류 I_1', I_2', I_3'를 계산하라.

I_1' = ______________ mA

I_2' = ______________ mA

I_3' = ______________ mA

② 전압원 V_1이 제거되었을 때 각 저항에 흐르는 전류 I_1'', I_2'', I_3''를 계산하라.

I_1'' = ______________ mA

I_2'' = ______________ mA

I_3'' = ______________ mA

③ 그림 11-2의 회로에서 각 저항에 흐르는 전류 I_1, I_2, I_3를 계산하라.

I_1 = ______________ mA

I_2 = ______________ mA

I_3 = ______________ mA

(2) 그림 11-3과 같이 회로를 구성하라.

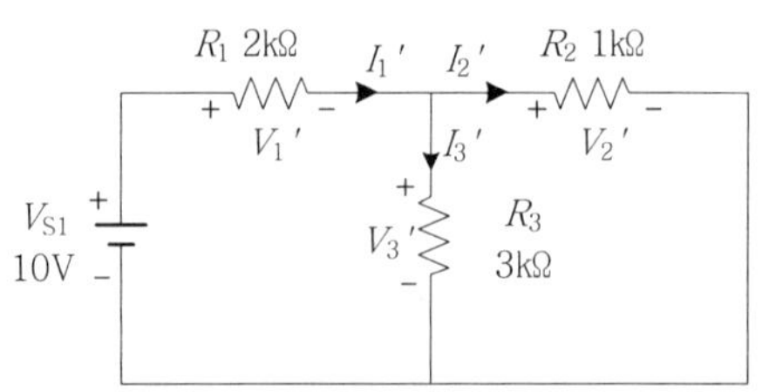

그림 11-3

(3) 그림 11-3의 회로에서 각 저항에 흐르는 전류 I_1', I_2', I_3'를 측정하고, 실험 (1)-①의 계산결과와 일치하는지 확인하라.

I_1' = ______________ mA

I_2' = ______________ mA

I_3' = ______________ mA

(4) 그림 11-4와 같이 회로를 구성하라.

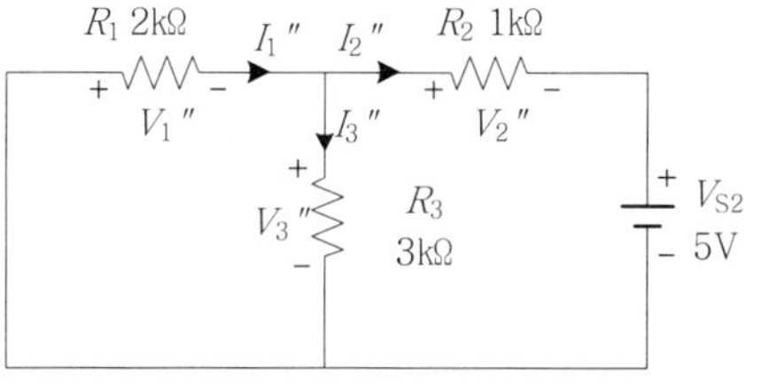

그림 11-4

(5) 그림 11-4의 회로에서 각 저항에 흐르는 전류 I_1'', I_2'', I_3''를 측정하고, 실험 (1)-②의 계산결과와 일치하는지 확인하라.

I_1'' = ______________ mA

I_2'' = ______________ mA

I_3'' = ______________ mA

(6) 그림 11-2의 회로에서 각 저항에 흐르는 전류 I_1, I_2, I_3를 측정하고, 실험 (1)-③의 계산결과와 일치하는지 확인하라.

I_1 = ______________ mA

I_2 = ______________ mA

I_3 = ______________ mA

(7) 실험 (3)에서 측정한 전류와 실험 (5)에서 측정한 각 전류를 합한 값이 실험 (6)에서 측정한 각 전류와 일치하는지 비교하라. 만약 차이가 있다면 그 이유를 설명하라.

$I_1' + I_1'' =$ ______________ mA

$I_2' + I_2'' =$ ______________ mA

$I_3' + I_3'' =$ ______________ mA

(8) 그림 11-5의 회로에서 중첩의 원리를 적용하여 각 저항에 흐르는 전류를 계산하라.

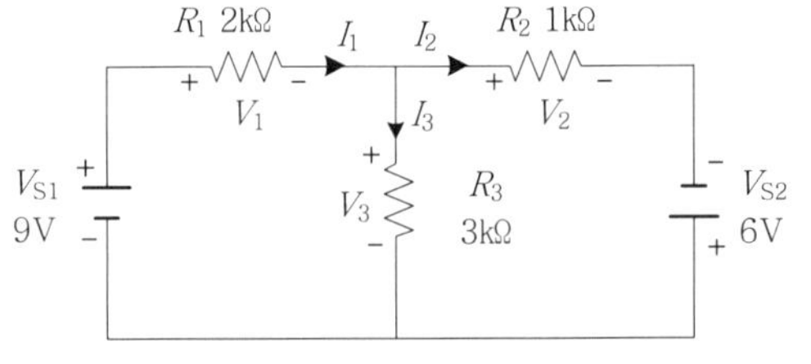

그림 11-5

① 전압원 V_2가 제거되었을 때 각 저항에 흐르는 전류 I_1', I_2', I_3'를 계산하라.

$I_1' =$ ______________ mA

$I_2' =$ ______________ mA

$I_3' =$ ______________ mA

② 전압원 V_1이 제거되었을 때 각 저항에 흐르는 전류 I_1'', I_2'', I_3''를 계산하라.

$I_1'' =$ ______________ mA

$I_2'' =$ ______________ mA

$I_3'' =$ ______________ mA

③ 그림 11-5의 회로에서 각 저항에 흐르는 전류 I_1, I_2, I_3를 계산하라.

I_1 = ______________ mA

I_2 = ______________ mA

I_3 = ______________ mA

(9) 그림 11-6과 같이 회로를 구성하라.

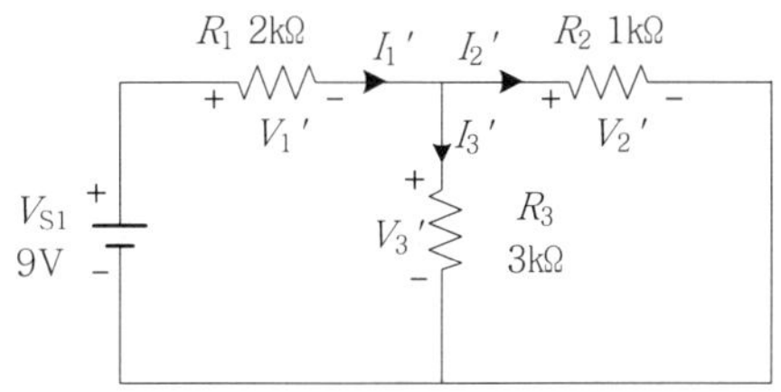

그림 11-6

(10) 그림 11-6의 회로에서 각 저항에 흐르는 전류 I_1', I_2', I_3'를 측정하고, 실험 (8)-①의 계산결과와 일치하는지 확인하라.

I_1' = ______________ mA

I_2' = ______________ mA

I_3' = ______________ mA

(11) 그림 11-7과 같이 회로를 구성하라.

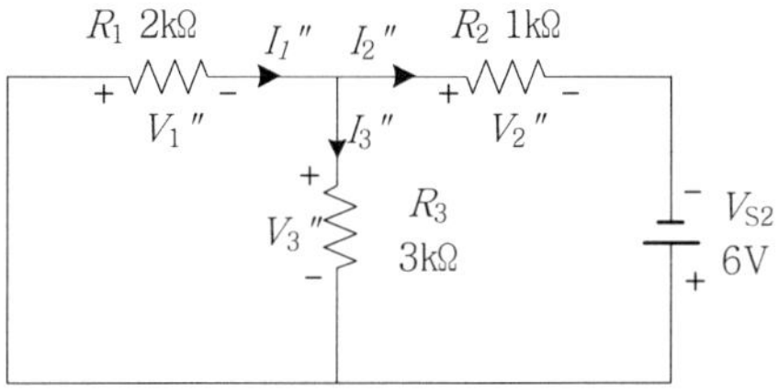

그림 11-7

(12) 그림 11-7의 회로에서 각 저항에 흐르는 전류 I_1'', I_2'', I_3''를 측정하고, 실험 (8)-②의 계산결과와 일치하는지 확인하라.

$I_1'' =$ ______________ mA

$I_2'' =$ ______________ mA

$I_3'' =$ ______________ mA

(13) 그림 11-5의 회로에서 각 저항에 흐르는 전류 I_1, I_2, I_3를 측정하고, 실험 (8)-③의 계산결과와 일치하는지 확인하라.

$I_1 =$ ______________ mA

$I_2 =$ ______________ mA

$I_3 =$ ______________ mA

(14) 실험 (10)에서 측정한 전류와 실험 (12)에서 측정한 각 전류를 합한 값이 실험 (13)에서 측정한 각 전류와 일치하는지 비교하라. 만약 차이가 있다면 그 이유를 설명하라.

$I_1' + I_1'' =$ ______________ mA

$I_2' + I_2'' =$ ______________ mA

$I_3' + I_3'' =$ ______________ mA

실 험 보 고 서

실험제목	실험 11. 중첩의 원리			
학　번	성　명	실험조	실험일자	제출일자

(1) ① $I_1' =$ ______________ mA

$I_2' =$ ______________ mA

$I_3' =$ ______________ mA

② $I_1'' =$ ______________ mA

$I_2'' =$ ______________ mA

$I_3'' =$ ______________ mA

③ $I_1 =$ ______________ mA

$I_2 =$ ______________ mA

$I_3 =$ ______________ mA

(3) $I_1' =$ ______________ mA

$I_2' =$ ______________ mA

$I_3' =$ ______________ mA

(5) $I_1'' =$ ______________ mA

$I_2'' =$ ______________ mA

$I_3'' =$ ______________ mA

(6) I_1 = ______________ mA

I_2 = ______________ mA

I_3 = ______________ mA

(7) $I_1' + I_1''$ = ______________ mA

$I_2' + I_2''$ = ______________ mA

$I_3' + I_3''$ = ______________ mA

(8) ① I_1' = ______________ mA

I_2' = ______________ mA

I_3' = ______________ mA

② I_1'' = ______________ mA

I_2'' = ______________ mA

I_3'' = ______________ mA

③ I_1 = ______________ mA

I_2 = ______________ mA

I_3 = ______________ mA

(10) I_1' = ______________ mA

I_2' = ______________ mA

I_3' = ______________ mA

(12) $I_1'' =$ ______________ mA

$I_2'' =$ ______________ mA

$I_3'' =$ ______________ mA

(13) $I_1 =$ ______________ mA

$I_2 =$ ______________ mA

$I_3 =$ ______________ mA

(14) $I_1' + I_1'' =$ ______________ mA

$I_2' + I_2'' =$ ______________ mA

$I_3' + I_3'' =$ ______________ mA

실험 12. 테브난의 정리

목 적

1. 테브난의 정리를 실험을 통해 이해한다.
2. 테브난의 정리를 이해하고 응용력을 키운다.

이 론

테브난의 정리에 의하면 일반적인 선형 능동회로망을 그림 12-1 (b)에 나타낸 것과 같이 1개의 전압원 V_{TH}와 1개의 저항 R_{TH}가 직렬로 연결된 회로로 대체할 수 있다. 여기서 전압원 V_{TH}는 회로망의 단자 a-b를 개방했을 때, 그 단자 양단에 나타나는 전압과 같고, 저항 R_{TH}는 회로망 내의 모든 전원을 그들의 내부저항으로 대체(이상적인 경우 전압원은 단락, 전류원은 개방)한 후 단자 a-b에서 회로망 쪽으로 본 등가저항이다.

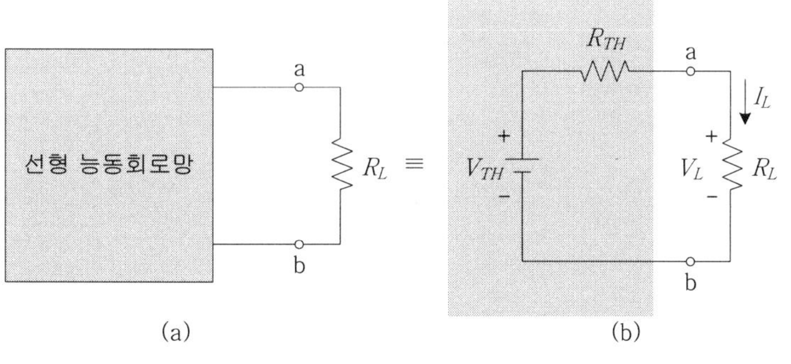

그림 12-1 테브난의 등가회로

선형 능동회로망에 테브난의 정리를 단계별로 적용시키면 다음과 같다.

단계 1 : 먼저 테브난의 등가회로를 구하고자 하는 회로망의 단자 a-b를 개방시킨다.
단계 2 : 개방된 단자 a-b 사이의 전압 V_{TH}를 구한다.

단계 3 : 다음으로 회로망 내의 모든 전원을 그들의 내부저항으로 대체한 후, 단자 a-b에서 회로망 쪽을 본 저항 R_{TH}를 구한다.

단계 4 : 위에서 구한 전압원 V_{TH}와 저항 R_{TH}를 직렬로 연결시켜 단자 a-b에서의 테브난의 등가회로를 구한다.

단계 5 : 단자 a-b 사이에 부하저항 R_L을 연결한 후, 부하전압과 전류를 계산한다.

사용기기 및 부품

1. 전원공급기
2. 브레드보드
3. 디지털 멀티미터
4. 저항 : 220Ω, 330Ω, 820Ω, 1kΩ 2개, 1.2kΩ, 1.5kΩ, 2.2kΩ
5. 가변저항 : 5kΩ

실험순서

(1) 그림 12-2와 같은 회로를 구성하라.

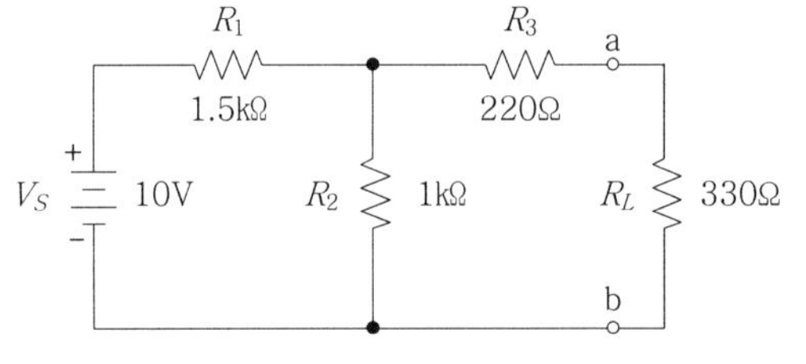

그림 12-2

(2) 그림 12-3과 같이 단자 a-b 사이를 개방한다.

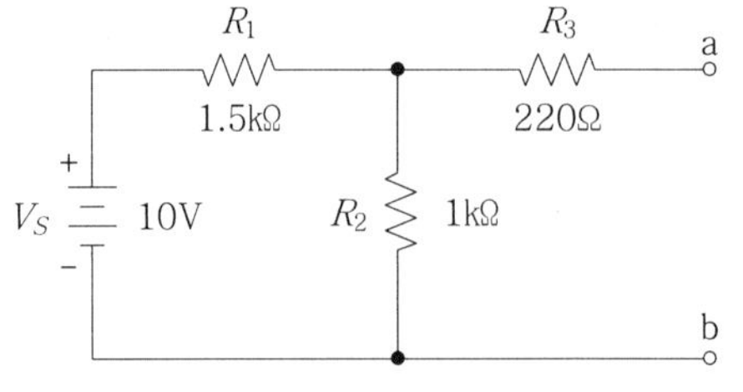

그림 12-3

① 개방된 두 단자 사이의 전압을 계산하라.

V_{TH} = ______________ V

② 개방된 두 단자 사이의 전압을 측정하고, 위의 계산결과와 일치하는지 확인하라. 차이가 있으면 그 이유를 설명하라.

V_{TH} = ______________ V

(3) 그림 12-4와 같이 회로망 내의 전압원 V_S를 제거한다.

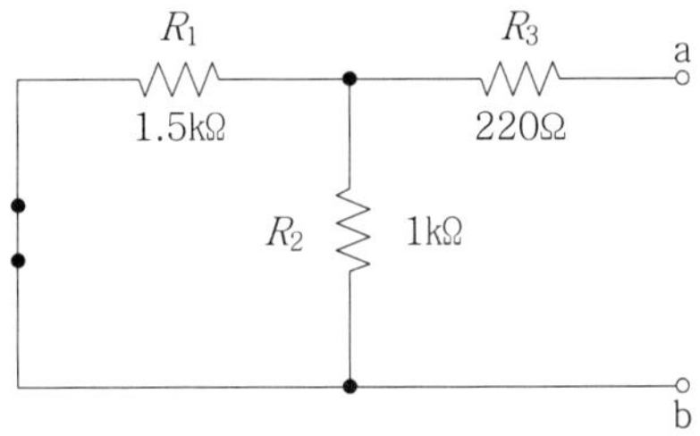

그림 12-4

① 단자 a, b에서 들여다 본 저항을 계산하라.

R_{TH} = ______________ kΩ

② 단자 a, b에서 들여다 본 저항을 측정하고, 위의 계산결과와 일치하는지 확인하라. 만약 차이가 있으면 그 이유를 설명하라.

R_{TH} = ______________ kΩ

(4) 실험 (2)와 (3)에서 구한 V_{TH}와 R_{TH}를 이용하여 테브난의 등가회로를 그림 12-5와 같이 구성하라.

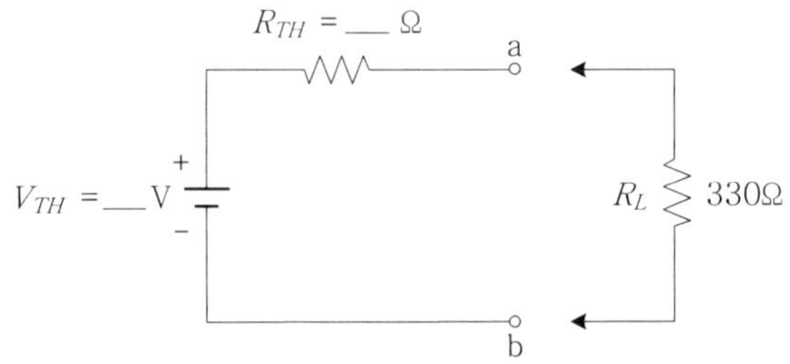

그림 12-5

① 그림 12-5의 단자 a-b에 330Ω의 부하저항 R_L을 연결하라.

② R_L 양단의 전압 V_L과 R_L에 흐르는 전류 I_L을 측정하라.

V_L = ______________ V

I_L = ______________ mA

(5) 그림 12-2와 같은 회로를 구성하라.

(6) 이 회로에서 R_L 양단의 전압 V_L과 R_L에 흐르는 전류 I_L을 측정하라.

V_L = ______________ V

I_L = ______________ mA

(7) 실험 (4)-②에서 측정한 값과 실험 (6)에서 측정한 값을 비교하라. 만약 차이가 있으면 그 이유를 설명하라.

(8) 그림 12-6과 같은 회로를 구성하라.

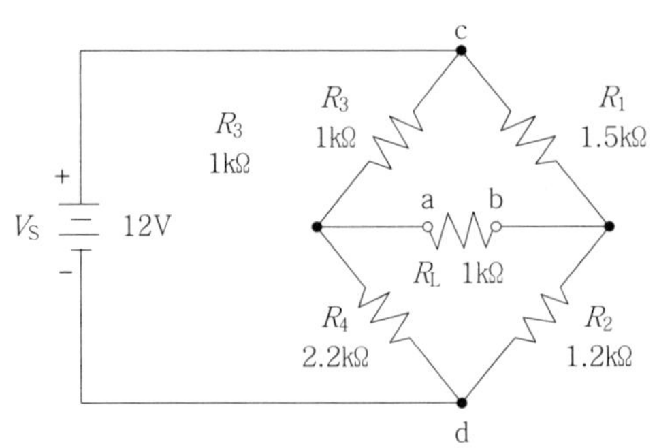

그림 12-6

(9) 그림 12-7과 같이 단자 a-b 사이를 개방한다.

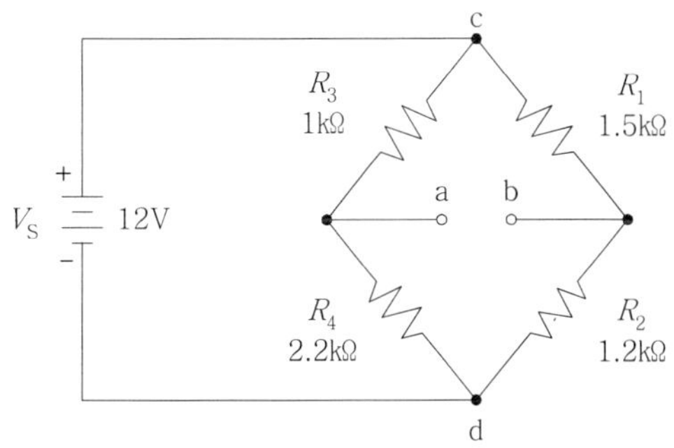

그림 12-7

① 개방된 두 단자 사이의 전압을 계산하라.

V_{TH} = ______________ V

② 개방된 두 단자 사이의 전압을 측정하고, 위의 계산결과와 일치하는지 확인하라. 만약 차이가 있으면 그 이유를 설명하라.

V_{TH} = ______________ V

(10) 그림 12-8(a)와 같이 회로망 내의 전압원 V_S를 제거한다.

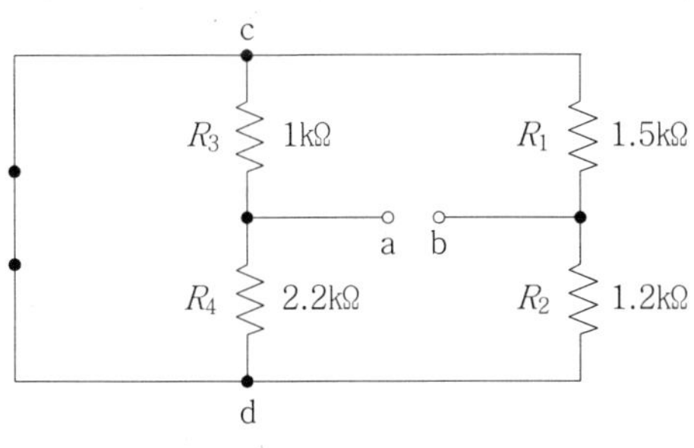

그림 12-8 (a)

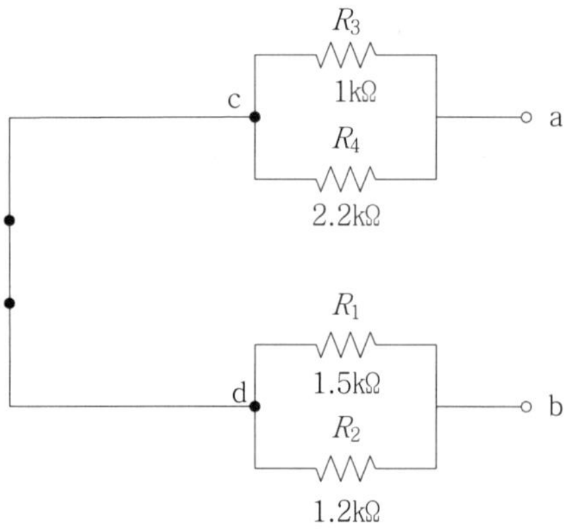

그림 12-8 (b)

① 단자 a, b에서 들여다 본 저항을 계산하라.

R_{TH} = ______________ kΩ

② 단자 a, b에서 들여다 본 저항을 측정하고, 위의 계산결과와 일치하는지 확인하라. 만약 차이가 있으면 그 이유를 설명하라.

R_{TH} = ______________ kΩ

(11) 실험 (9)와 (10)에서 구한 V_{TH}와 R_{TH}를 이용하여 그림 12-9와 같이 테브난의 등가회로를 구성하라. 이 때 R_{TH}는 가변저항 5kΩ을 이용하여 설정하고 실험한다.

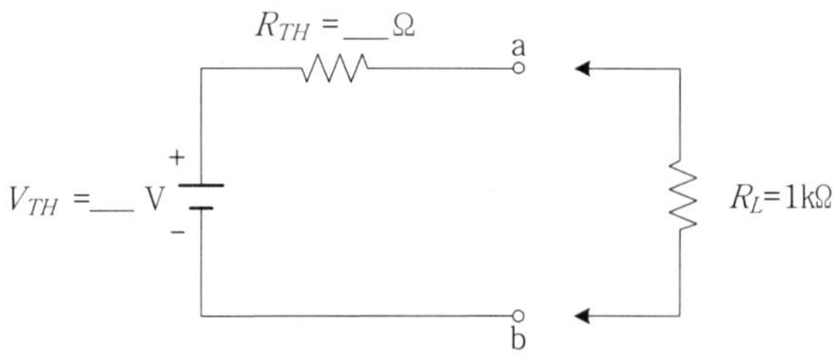

그림 12-9

① 그림 12-9의 단자 a-b에 1kΩ의 부하저항 R_L을 연결하라.

② R_L 양단의 전압 V_L과 R_L에 흐르는 전류 I_L을 측정하라.

V_L = ______________ V

I_L = ______________ mA

(12) 그림 12-6과 같은 회로를 구성하라.

(13) 이 회로에서 R_L 양단의 전압 V_L과 R_L에 흐르는 전류 I_L을 측정하라.

V_L = ______________ V

I_L = ______________ mA

(14) 실험 (11)-②에서 측정한 값과 실험 (13)에서 측정한 값을 비교하라. 만약 차이가 있으면 그 이유를 설명하라.

실 험 보 고 서

실험제목	실험 12. 테브난의 정리			
학 번	성 명	실험조	실험일자	제출일자

(2) ① V_{TH} = ______________V

② V_{TH} = ______________V

(3) ① R_{TH} = ______________kΩ

② R_{TH} = ______________kΩ

(4) ② V_L = ______________V

I_L = ______________mA

(6) V_L = ______________V

I_L = ______________mA

(7)

(9) ① V_{TH} = ______________V

② V_{TH} = ______________V

(10) ① R_{TH} = ______________ kΩ

② R_{TH} = ______________ kΩ

(11) ② V_L = ______________ V

I_L = ______________ mA

(13) V_L = ______________ V

I_L = ______________ mA

(14)

실험 13. 밀만의 정리, 가역정리

목 적

1. 밀만의 정리를 실험을 통해 이해한다.
2. 가역정리를 실험을 통해 이해하고 응용력을 키운다.

이 론

1. 밀만의 정리

밀만의 정리는 그림 13-1 (a)와 같이 여러 개의 전압원이 병렬로 접속되어 있을 때, 두 점 a-b 사이의 전압을 구하는 데 유용하게 이용된다.

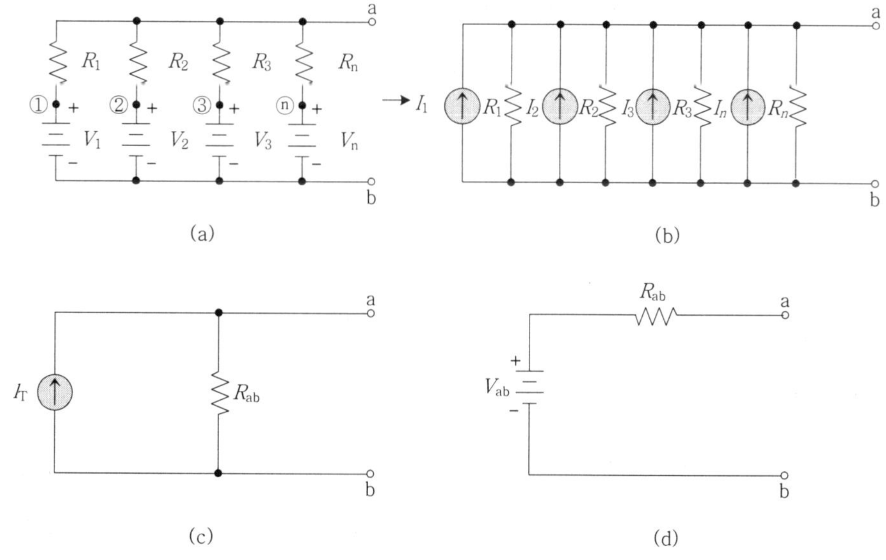

그림 13-1 밀만의 정리

두 점 a-b 사이의 전압 V_{ab}를 구하는 공식을 유도하면 다음과 같다. 먼저 그림 13-1 (a)의 n개의 병렬로 접속된 전압원은 노튼의 정리에 의하여 그림 13-1 (b)와 같이 n개의 병렬로 접속된 전류원으로 바꿀 수 있다. 다시 이 회로를 간략화하면 그림 11-1 (c)와 같이 나타낼 수 있다. 여기서 전체전류 I_T는 다음 식과 같이 각 병렬 지로전류의 합으로 나타난다.

$$I_T = I_1 + I_2 + \cdot\cdot\cdot\cdot + I_n = \frac{V_1}{R_1} + \frac{V_2}{R_2} + \cdot\cdot\cdot\cdot + \frac{V_n}{R_n} \qquad (13\text{-}1)$$

그리고 그림 13-1 (b)에서 모든 전류원을 개방시킨 후, 단자 a-b 사이의 등가 콘덕턴스 G_{ab} 및 등가저항 R_{ab}를 구하면 다음과 같다.

$$G_{ab} = G_1 + G_2 + \cdot\cdot\cdot\cdot + G_n = \frac{1}{R_1} + \frac{1}{R_2} + \cdot\cdot\cdot\cdot + \frac{1}{R_n} = \frac{1}{R_{ab}}$$

$$R_{ab} = \frac{1}{\frac{1}{R_1} + \frac{1}{R_2} + \cdot\cdot\cdot\cdot + \frac{1}{R_n}} \qquad (13\text{-}2)$$

이를 등가회로로 나타내면 그림 13-1 (c)와 같고, 이 회로를 다시 테브난의 등가회로로 변환하면 그림 13-1 (d)와 같다. 단자 a-b 사이의 전압 $V_{ab} = I_T R_{ab}$이므로 위의 두 식을 이용하면 V_{ab}는 다음과 같이 된다.

$$V_{ab} = \frac{\frac{V_1}{R_1} + \frac{V_2}{R_2} + \cdot\cdot\cdot\cdot + \frac{V_n}{R_n}}{\frac{1}{R_1} + \frac{1}{R_2} + \cdot\cdot\cdot\cdot + \frac{1}{R_n}} \qquad (13\text{-}3)$$

2. 가역정리

그림 13-2 (a)와 같은 임의의 수동회로망에서 제1폐로의 전압원 V_1에 의하여 제2폐로에 흐르는 폐로전류를 I_2라 하고, 또 그림 13-2 (b)와 같이 전압원 V_1을 제거하고 제2폐로에 전압원 V_2'를 넣었을 때 제1폐로에 흐르는 폐로전류를 I_1'라 하면 다음과 같은 관계가 성립한다.

$$V_1 I_1' = V_2' I_2 \qquad (13\text{-}4)$$

이러한 관계를 가역정리 또는 상반정리라 한다.

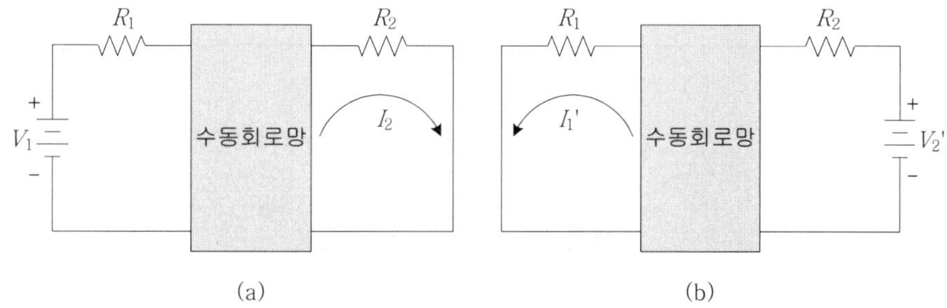

그림 13-2 가역정리

예를 들어 그림 13-3 (a)와 같이 한 가지에 전압원 V_1을 넣었을 때, 다른 가지에 흐르는 전류 I_2는

$$I_2 = \frac{V_1}{R_1 + \dfrac{R_2 R_3}{R_2 + R_3}} \cdot \frac{R_3}{R_2 + R_3}$$

$$= \frac{R_3 V_1}{R_1 R_2 + R_2 R_3 + R_1 R_3} \qquad (13\text{-}5)$$

이고, 그림 13-3 (b)와 같이 후자의 가지에 같은 전압원 $V_2' = V_1$을 넣었을 때 이 회로에 흐르는 전류 I_1'는

$$I_1' = \frac{V_1}{R_2 + \dfrac{R_1 R_3}{R_1 + R_3}} \cdot \frac{R_3}{R_1 + R_3}$$

$$= \frac{R_3 V_1}{R_1 R_2 + R_2 R_3 + R_1 R_3} \qquad (13\text{-}6)$$

가 되어, $I_1' = I_2$가 된다. 따라서 가역정리는 $V_1/I_2 = V_2'/I_1'$의 관계가 성립한다.

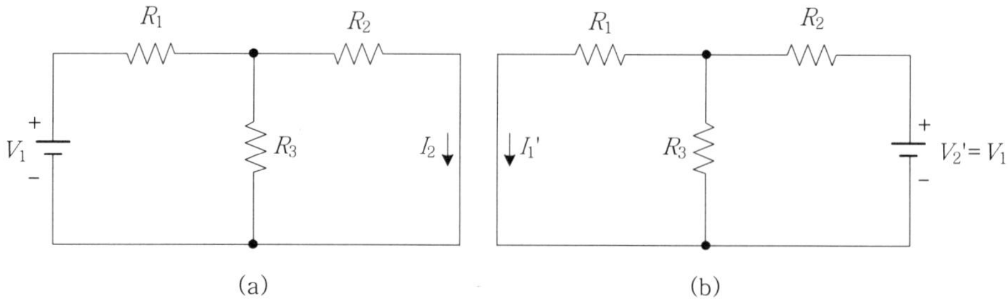

그림 13-3 가역정리 회로

사용기기 및 부품

1. 전원공급기
2. 브레드보드
3. 디지털 멀티미터
4. 저항 : 100Ω, 220Ω, 390Ω, 1.2kΩ, 2kΩ, 2.4kΩ, 3kΩ

실험순서

1. 밀만의 정리

(1) 그림 13-4와 같은 회로를 구성하라.

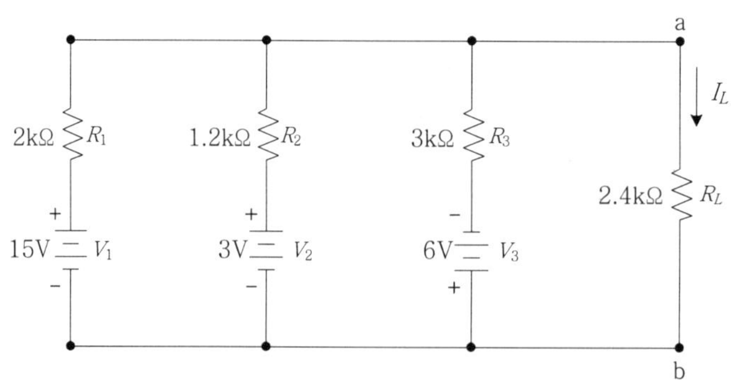

그림 13-4

(2) 밀만의 정리를 적용하여 R_L 양단의 전압 R_{ab}와 R_L을 통하여 흐르는 전류 I_L을 계산하라.

V_{ab} = ________________ V

I_L = ________________ mA

(3) 그림 13-4의 회로에서 R_L 양단의 전압 V_{ab}와 R_L을 통하여 흐르는 전류 I_L을 측정하라.

V_{ab} = ________________ V

I_L = ________________ mA

(4) 실험 (2)의 계산값과 실험 (3)의 측정값을 비교하라. 만약 차이가 있으면 그 이유를 설명하라.

2. 가역정리

(1) 그림 13-5와 같은 회로를 구성하라.

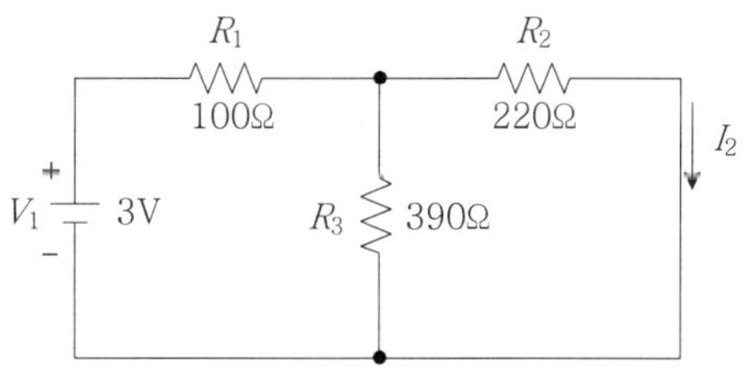

그림 13-5

(2) 저항 R_2에 흐르는 전류 I_2를 계산하라.

I_2 = ________________ mA

(3) 저항 R_2에 흐르는 전류 I_2를 측정하라.

I_2 = ________________ mA

(4) 그림 13-6과 같은 회로를 구성하라.

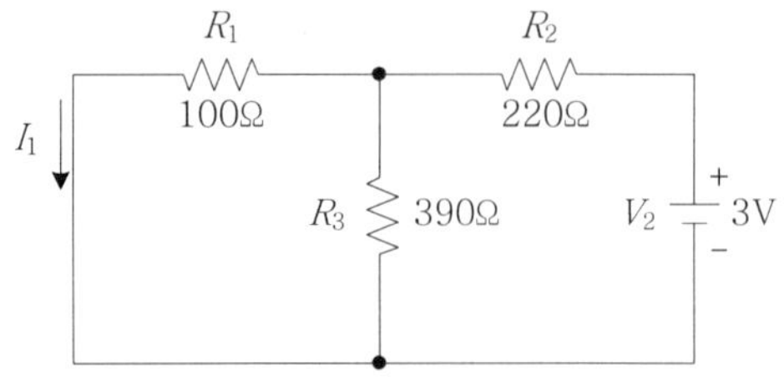

그림 13-6

(5) 저항 R_1에 흐르는 전류 I_1을 계산하라.

I_1 = ______________ mA

(6) 저항 R_1에 흐르는 전류 I_1을 측정하라.

I_1 = ______________ mA

(7) 실험 (3)에서 측정한 전류 I_2와 실험 (6)에서 측정한 전류 I_1을 비교하라. 만약 차이가 있으면 그 이유를 설명하라.

실 험 보 고 서

실험제목	실험 13. 밀만의 정리, 가역정리			
학 번	성 명	실험조	실험일자	제출일자

1. 밀만의 정리

(2) V_{ab} = ______________ V

I_L = ______________ mA

(3) V_{ab} = ______________ V

I_L = ______________ mA

(4)

2. 가역정리

(2) I_2 = ______________ mA

(3) I_2 = ______________ mA

(5) I_1 = ______________ mA

(6) I_1 = ______________ mA

(7)

실험 14. 최대전력 전달

목 적

전원으로부터 부하에 최대전력이 전달되는 조건을 이해하고 응용력을 키운다.

이 론

그림 14-1 (a)와 같은 선형 능동회로망에서 부하저항에 최대전력이 전달되는 조건을 구해 보자. 편의상 단자 a-b의 왼쪽을 그림 14-1 (b)와 같은 테브난의 등가회로로 대체하고 R_L만을 변화시켰을 때, 부하에 최대전력이 전달되는 조건을 구해 보자. 이 회로에서 부하저항 R_L을 통해 흐르는 전류 I는 다음과 같다.

$$I=\frac{V_S}{R_S+R_L} \tag{14-1}$$

부하저항 R_L에서의 전력은

$$P_L=I^2R_L=\frac{V_S^2R_L}{(R_S+R_L)^2} \tag{14-2}$$

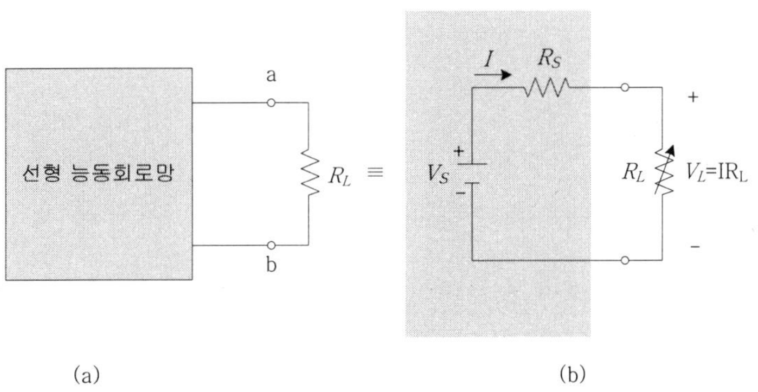

그림 14-1 최대전력 전달

여기서 전력 P_L은 부하저항 R_L에 따라 변화된다. 이 때 P_L이 최대가 되는 R_L의 값을 구하려면, $\partial P_L / \partial R_L = 0$이 되는 경우이다.

$$\frac{\partial P_L}{\partial R_L} = \frac{{R_S}^2 - {R_L}^2}{(R_S + R_L)^4} \, {V_S}^2 = 0 \tag{14-3}$$

따라서

$$R_L = R_S \tag{14-4}$$

이다. 즉, $R_L = R_S$일 때 전원에서 부하로 최대전력이 전달된다. 이것을 최대전력 전달조건이라 한다. 그리고 식 (14-2)에 $R_L = R_S$를 대입하면, 부하에 공급되는 최대전력 $P_{L(max)}$은

$$P_{L(\max)} = \frac{V_S^2}{4R_L} = \frac{V_S^2}{4R_S} \tag{14-5}$$

가 된다. 부하가 어떻게 조절되더라도 전원으로부터 최대전력 이상은 전달되지 않으므로, 이 $P_{L(max)}$를 전원의 가용전력(available power)이라 부르기도 한다.

사용기기 및 부품

1. 전원공급기
2. 브레드보드
3. 디지털 멀티미터
4. 저항 : 1kΩ, 2kΩ 2개
5. 가변저항 : 100kΩ

실험순서

(1) 그림 14-2의 회로에 대한 테브난의 등가회로를 그림 14-3에 그려라.

V_{TH} = ______________ V

R_{TH} = ______________ Ω

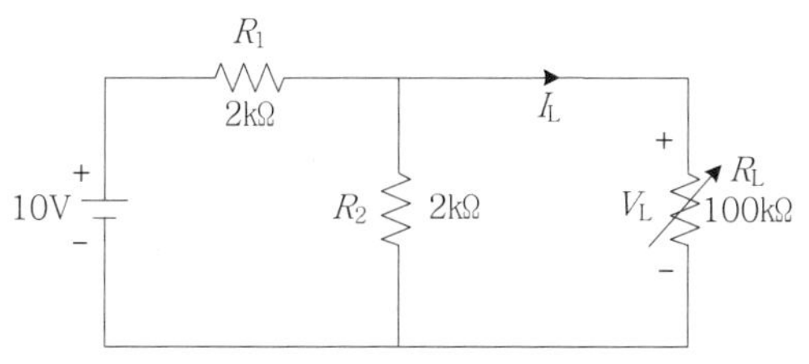

그림 14-2

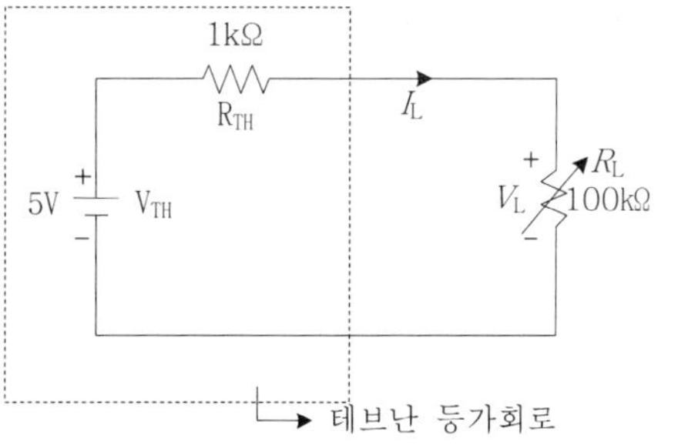

그림 14-3 등가회로

(2) 그림 14-2의 회로에서 부하저항 R_L을 변화시키면서 R_L 양단의 전압강하 V_L과 부하저항 R_L에 흐르는 전류 I_L을 측정하라.

표 14-1

R_L	100Ω	390Ω	680Ω	1kΩ	1.2kΩ	1.5kΩ	2.2kΩ	6.8kΩ	10kΩ	15kΩ	22kΩ	47kΩ
V_L(V)												
I_L(mA)												
P_L(mW)												

(3) 표 14-1의 V_L과 I_L로부터 부하에서의 소비전력 $P_L = V_L \cdot I_L$을 계산하여 기록하라.

(4) 그림 14-4에 부하저항에 따른 소비전력의 변화를 그려라.

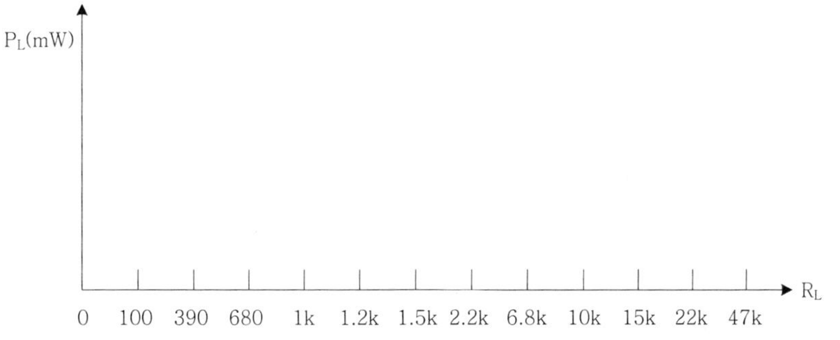

그림 14-4

(5) 그림 14-4의 그래프에서 소비전력이 최대가 되는 부하저항 R_L과 그 때의 소비전력은 얼마인가?

R_L = ______________ Ω

P_L = ______________ mW

(6) 그림 14-3의 회로에서 부하저항 R_L을 변화시키면서 R_L 양단의 전압강하 V_L과 부하저항 R_L에 흐르는 전류 I_L을 측정하라.

표 14-2

R_L	100Ω	390Ω	680Ω	1kΩ	1.2kΩ	1.5kΩ	2.2kΩ	6.8kΩ	10kΩ	15kΩ	22kΩ	47kΩ
V_L(V)												
I_L(mA)												
P_L(mW)												

(7) 표 14-2의 V_L과 I_L로부터 부하에서의 소비전력 $P_L = V_L \cdot I_L$을 계산하여 기록하라.

(8) 그림 14-5에 부하저항에 따른 소비전력의 변화를 그려라.

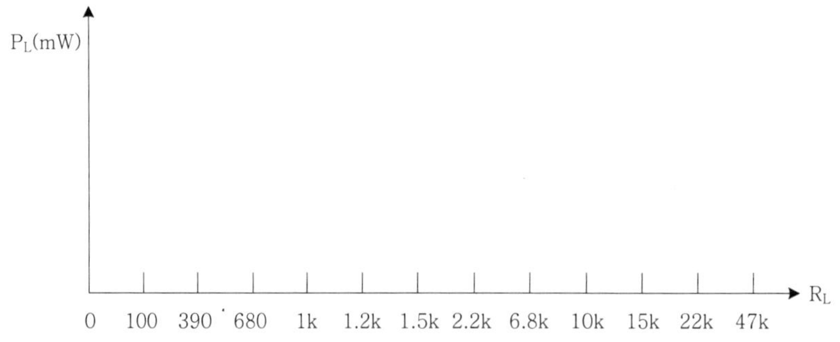

그림 14-5

(9) 그림 14-5의 그래프에서 소비전력이 최대가 되는 부하저항 R_L과 그 때의 소비전력은 얼마인가?

R_L = ______________ Ω

P_L = ______________ mW

(10) 실험 (2)～(5)의 결과와 실험 (6)～(9)의 결과가 서로 일치하는지 확인하고, 그 이유를 설명하라.

실 험 보 고 서

실험제목	실험 14. 최대전력 전달			
학　번	성　명	실험조	실험일자	제출일자

(1) V_{TH} = ________________ V

R_{TH} = ________________ Ω

(2)

표 14-1

R_L	100Ω	390Ω	680Ω	1kΩ	1.2kΩ	1.5kΩ	2.2kΩ	6.8kΩ	10kΩ	15kΩ	22kΩ	47kΩ
V_L(V)												
I_L(mA)												
P_L(mW)												

(4)

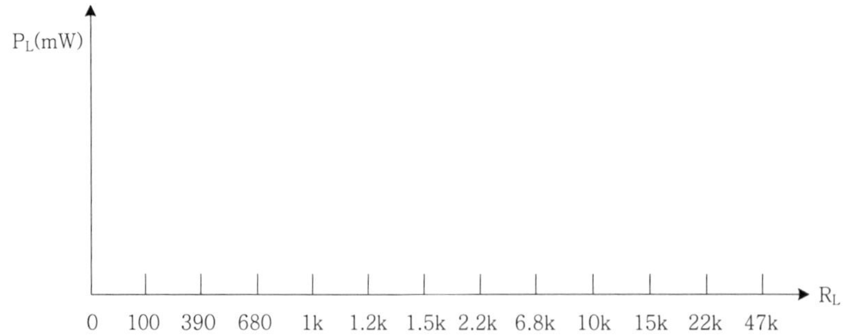

그림 14-4

(5) R_L = ______________ Ω

P_L = ______________ mW

(6)

표 14-2

R_L	100Ω	390Ω	680Ω	1kΩ	1.2kΩ	1.5kΩ	2.2kΩ	6.8kΩ	10kΩ	15kΩ	22kΩ	47kΩ
V_L(V)												
I_L(mA)												
P_L(mW)												

(8)

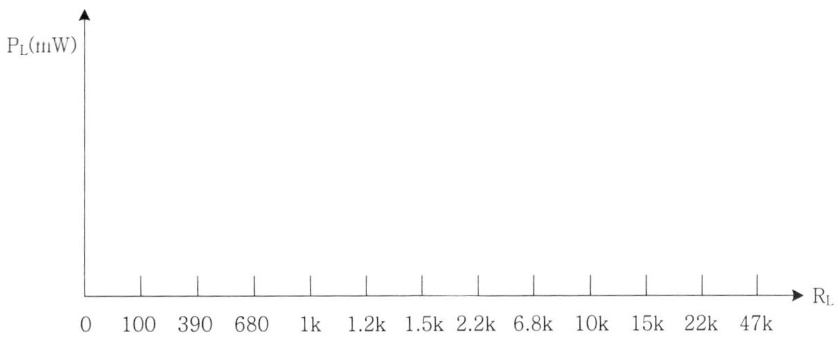

그림 14-5

(9) R_L = ______________ Ω

P_L = ______________ mW

(10)

실험 15. 브리지회로

목 적

1. 브리지회로에서 저항 사이의 관계를 이해한다.
2. 브리지회로의 평형상태를 이해한다.
3. 브리지회로를 이용한 저항측정법을 익힌다.

이 론

그림 15-1과 같이 4개의 저항 R_1, R_2, R_3, R_x로 구성된 회로를 브리지회로라 하며, 검류계 G 및 전압원 V_T가 접속되어 있다. 여기서 저항 R_1과 R_2는 고정저항, R_3는 가변저항이다. 측정하고자 하는 미지의 저항 R_x는 단자 C와 D 사이에 연결한다. 만약 B점과 C점 사이에 전위차가 존재하면 검류계 G에 전류가 흐른다. 그러나 B점과 C점 사이에 전위차가 없으면 즉, $V_{BC}=0$이면 검류계에는 전류가 흐르지 않는다. 따라서, 브리지회로에서 $V_{BC}=0$인 상태를 평형상태라고 한다.

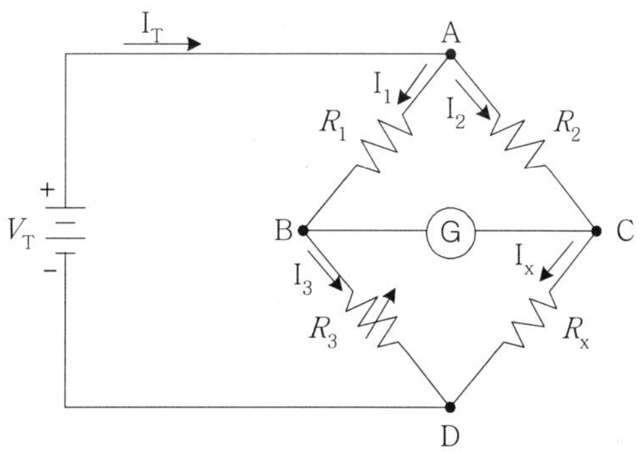

그림 15-1 브리지회로

그림에서 각 저항에 흐르는 전류를 I_1, I_2, I_3, I_x라고 가정하자. 이 회로에서 저항 R_1, R_2의 비를 결정하고, 가변저항 R_3를 조정하여 검류계 G에 흐르는 전류가 0이면, 브리지는 평형상태가 된다. 이 때 전압과 전류는 다음의 조건을 만족하게 된다.

$$V_B = V_C$$

$$I_1 = I_3, \quad I_2 = I_x$$

회로에서 인가전압 V_T는 저항 R_1과 R_3에 의해 분배되므로, B점의 전압 V_B는

$$V_B = \frac{R_3}{R_1 + R_3} V_T \quad [\mathrm{V}]$$

같은 방법으로 저항 R_2와 R_x에 의해 C점의 전압 V_C를 구하면,

$$V_C = \frac{R_x}{R_2 + R_x} V_T \quad [\mathrm{V}]$$

따라서 B점과 C점 사이의 전위차 V_{BC}는 다음과 같이 나타낼 수 있다.

$$V_{BC} = V_B - V_C$$

$$= \left(\frac{R_3}{R_1 + R_3} - \frac{R_x}{R_2 + R_x} \right) V_T \quad [\mathrm{V}]$$

브리지회로가 평형상태일 때 $V_{BC} = 0$이므로, 다음의 식이 성립한다.

$$\frac{R_3}{R_1 + R_3} = \frac{R_x}{R_2 + R_x}$$

위의 식을 정리하면,

$$\frac{R_1}{R_3} = \frac{R_2}{R_x}$$

그러므로 미지의 저항 R_x는

$$R_x = \left(\frac{R_2}{R_1} \right) R_3$$

로 표현된다.

실험기기 및 부품

1. 전원공급기
2. 디지털 멀티미터
3. 검류계
4. 저항 : 1kΩ, 2.2kΩ, 4.7kΩ

   미지저항(R_x) : 10kΩ과 20kΩ 사이의 저항
5. 가변저항 : 10kΩ

실험순서

(1) 그림 15-2와 같은 브리지회로를 구성하라.

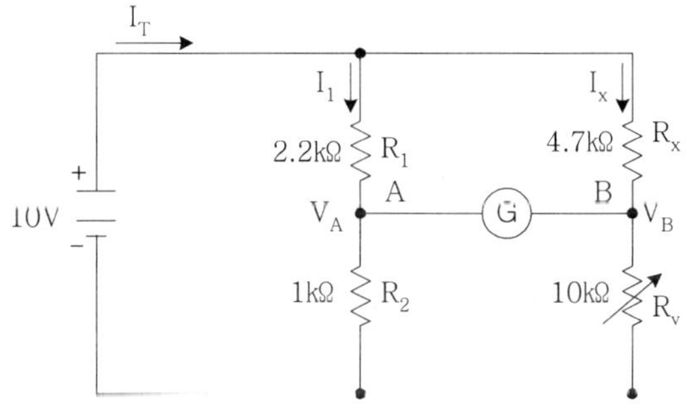

그림 15-2 브리지회로

(2) 검류계에 전류가 흐르지 않도록 가변저항 R_V를 조정하라.

(3) 검류계에 전류가 흐르지 않으면 전원을 끄고 가변저항 R_V를 회로에서 분리한 후 저항값을 측정하라.

$$R_V = \underline{\hspace{3cm}} \Omega$$

(4) A와 B 사이의 검류계를 제거한 후 가변저항 R_V를 위에서 측정한 값으로 유지하고, 그림 15-2의 회로를 구성하라.

(5) $R_1 R_V = R_2 R_x$를 이용하여 저항 R_x를 계산하라.

$$R_x = \underline{\qquad\qquad\qquad} \Omega$$

(6) 그림 15-2의 회로에 사용된 R_x=4.7kΩ과 위에서 구한 저항값을 비교하라.

(7) A점의 전압 V_A를 측정하고 이론적인 계산값과 비교하라.

(8) B점의 전압 V_B를 측정하고 이론적인 계산값과 비교하라.

(9) A점과 B점 사이의 전압 V_{AB}를 측정하고 이론적인 계산값과 비교하라.

(10) 저항 R_1에 흐르는 전류 I_1을 측정하고 이론적인 계산값과 비교하라.

(11) 저항 R_x에 흐르는 전류 I_x를 측정하고 이론적인 계산값과 비교하라.

(12) 회로에 흐르는 전체전류 I_T를 측정하고 이론적인 계산값과 비교하라.

(13) 실험순서 (7)에서 (12)까지의 결과를 표 15-1에 기록하라.

표 15-1

전압, 전류	측정값	이론값
V_A		
V_B		
V_{AB}		
I_1		
I_x		
I_T		

(14) 그림 15-2에서 R_x의 위치에 미지저항을 연결한 후 평형상태가 되도록 가변저항 R_V를 조정하라.

(15) 검류계에 전류가 흐르지 않으면 전원을 끄고 가변저항 R_V를 회로에서 분리한 후 저항값을 측정하라.

$$R_V = \underline{\hspace{4cm}}\ \Omega$$

(16) $R_1R_V = R_2R_x$를 이용하여 미지저항 R_x의 값을 계산하라.

$$R_x = \underline{\hspace{4cm}}\ \Omega$$

(17) 멀티미터를 이용하여 미지저항 R_x를 측정하라.

(18) 색띠에 의한 미지저항 R_x의 값을 구하라.

(19) 실험순서 (16)에서 (18)까지의 결과를 표 15-2에 기록하라.

표 15-2

미지저항	$R_1R_V = R_2R_x$ 에 의한 계산값	멀티미터에 의한 측정값	색띠에 의한 저항값
R_x			

실 험 보 고 서

실험제목	실험 15. 브리지회로			
학　　번	성　　명	실험조	실험일자	제출일자

(3) $R_V =$ ______________ Ω

(5) $R_x =$ ______________ Ω

표 15-1

전압, 전류	측정값	이론값
V_A		
V_B		
V_{AB}		
I_1		
I_x		
I_T		

(15) $R_V =$ ______________ Ω

(16) $R_x =$ ______________ Ω

표 15-2

미지저항	$R_1R_V = R_2R_x$ 에 의한 계산값	멀티미터에 의한 측정값	색띠에 의한 저항값
R_x			

실험 16. 오실로스코프

목 적

1. 함수발생기의 기능과 사용법을 익힌다.
2. 오실로스코프의 기능과 사용법을 익힌다.
3. 오실로스코프를 이용하여 전압 및 주파수를 측정하는 방법을 배운다.

이 론

1. 함수발생기

DC 전원공급기가 직류전압을 공급하는 데 비해, 함수발생기(function generator)는 정현파, 구형파, 삼각파의 교류파형을 발생시키는 발신기이다.

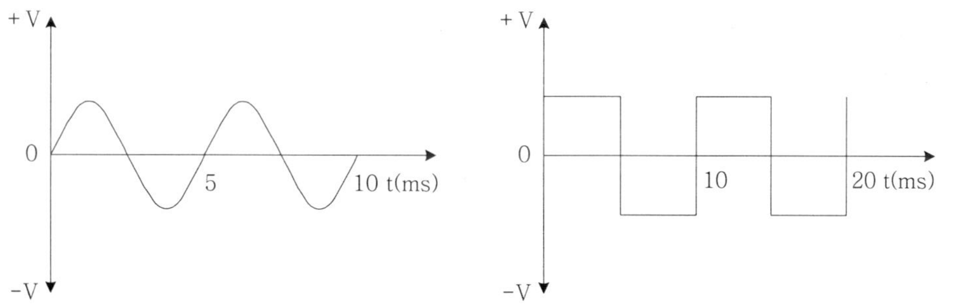

(a) 정현파 (b) 구형파

그림 16-1 정현파와 구형파

함수발생기의 주요 부분의 기능은 다음과 같다.

① POWER : 전원 스위치
② FUNCTION : 출력파형 선택 스위치(정현파, 구형파, 삼각파)

③ RANGE : 주파수 범위 선택 스위치
④ FREQUENCY DIAL : 선택된 범위 내에서 출력주파수 조절
⑤ AMPLITUDE : 출력레벨 가변조절기(0 ~ -20dB)
⑥ ATTENUATOR : 출력레벨 감쇠기(-20dB)
⑦ DC OFFSET : 출력파형에 + 또는 -의 직류전압 인가
⑧ SYMMETRY : 출력파형의 좌우대칭 비율조절
⑨ SYNC OUT : TTL 레벨의 구형파 출력단자
⑩ OUTPUT : 정현파 등 신호 출력단자

2. 오실로스코프

시간에 따라 변화하는 전압파형을 화면에 표시하는 장치를 오실로스코프(oscilloscope)라 한다. 이것은 음극선 오실로스코프 또는 간단히 스코프라고도 불리고, 가장 기본적인 계측기 가운데 하나이다. 오실로스코프의 표시부는 음극선관(cathode ray tube, CRT)이고, 그 내부는 전자총(electron gun), 수평 편향판, 수직 편향판 및 형광 스크린으로 구성되어 있다.

그림 16-2는 CRT의 구조를 개략적으로 나타낸 것이다. 전자총에서 발생된 빔이 형광 스크린과 충돌하여 빛을 내게 되면, 오실로스코프의 스크린에 전압파형이 표시된다. 이때 CRT 스크린 위에서의 빔의 이동은 CRT 내부의 편향판을 포함한 편향 시스템에 의해 제어된다.

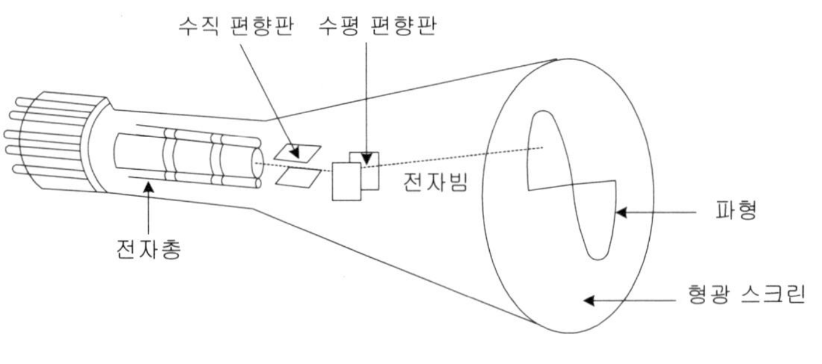

그림 16-2 CRT의 구조

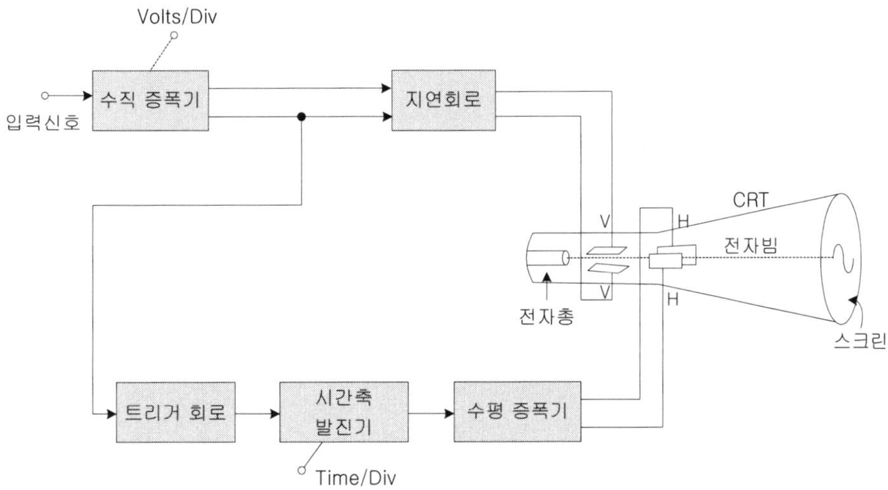

그림 16-3 오실로스코프의 계통도

그림 16-3은 오실로스코프의 기본적인 계통도를 나타낸 것이다. 관찰하고자 하는 신호전압은 오실로스코프의 수직 입력단자에 인가되고, 선형적으로 변화하는 편향전압을 수평 편향판에 인가한다. 수직 편향 제어전압으로 사용되는 신호전압에 의해 전자빔이 상하로 편향되어 입력전압의 진폭이 표시된다. 수평 편향 시스템에서는 시간에 비례하여 파형을 좌우로 이동시킨다.

오실로스코프의 전면 패널은 기능상 화면 조정부, 수직 증폭부, 수평 증폭부, 동기 조정부의 4개의 주요 부분으로 나눌 수 있다.

(1) 화면 조정부

① POWER : 오실로스코프의 전원 스위치
② INTENSITY : CRT 트레이스(trace)의 휘도 조절
③ FOCUS : 파형이 선명하게 표시되도록 조절
④ TRACE ROTATION : CRT 트레이스를 수평선과 일치하도록 조절
⑤ SCALE ILLUM : 화면 표시부의 밝기 레벨 조절

(2) 수직 증폭부

① CH1 INPUT(X) : 채널 1의 수직 증폭기에 외부신호를 입력
(X-Y 동작시 X축 신호입력)

② CH2 INPUT(Y) : 채널 2의 수직 증폭기에 외부신호를 입력
(X-Y 동작시 Y축 신호입력)

③ POSITION : CRT에 표시된 파형을 수직으로 이동

④ VOLTS/DIV : 수직 편향감도를 단계적으로 선택, 수직축 눈금당 전압변환

⑤ VARIABLE : 수직 편향감도를 연속적으로 변환

⑥ AC, GND, DC

- AC : 입력신호중 DC성분을 차단
- GND : 수직 증폭기의 입력단자를 접지
- DC : 입력신호를 증폭기에 직접 연결

⑦ VERTICAL MODE

- CH1 : 채널 1에 입력된 신호만 화면에 표시
- CH2 : 채널 2에 입력된 신호만 화면에 표시
- ADD : 채널 1과 채널 2에 입력된 신호의 대수합을 화면에 표시
- DUAL : 채널 1과 채널 2의 두 신호를 함께 화면에 표시

(3) 수평 증폭부

① POSITION : CRT에 표시된 파형을 수평으로 이동

② TIME/DIV : 수평 편향감도를 단계적으로 선택, 수평축 눈금당 시간변환

③ VARIABLE : 수평 편향감도를 연속적으로 변환

(4) 동기 조정부

① TRIG MODE

- AUTO : 동기상태에서는 정지파형이 표시되고, 동기신호가 없을 때 또는 동기 레벨이 맞지 않으면 FREE-RUN 상태가 된다.
- NORM : 동기상태에서는 파형이 표시되고, 동기신호가 없을 때 또는 동기 레벨이 맞지 않으면 트레이스가 나타나지 않는다.
- TV.V : 수직동기신호에 동기되어 TV파형을 관측
- TV.H : 수평동기신호에 동기되어 TV파형을 관측

② TRIG LEVEL : 신호의 어느 점에서부터 트레이스를 나타낼 것인가를 조정

③ SOURCE

- CH1 : 채널 1의 입력신호를 동기신호로 사용

- CH2 : 채널 2의 입력신호를 동기신호로 사용
- LINE : AC 전원의 파형을 동기신호로 사용
- EXT : EXT INPUT 단자의 입력신호를 동기신호로 사용

④ EXT INPUT : 외부 동기신호 입력단자

3. 교류신호

시간에 따라 크기와 극성이 주기적으로 변화하는 신호를 교류신호라 하며, 정현파 전류, 전압이 대표적이다. 그림 16-4는 정현파 전압파형을 나타낸 것이다.

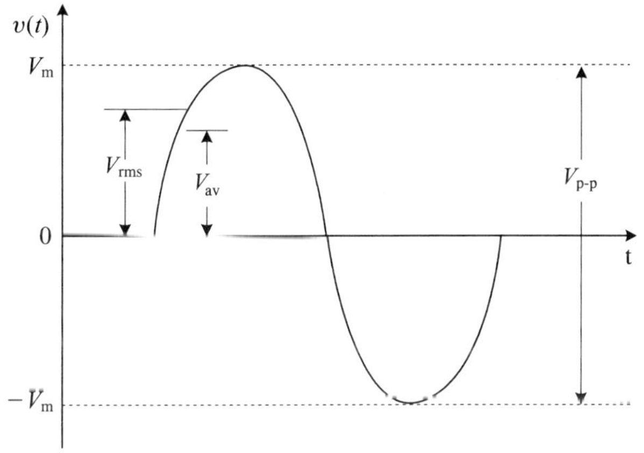

그림 16-4 정현파 전압

(1) 순시값 $v(t)$

시간에 따라 전압이 변화할 때 어느 순간의 전압의 크기를 나타낸다.

(2) 최대값 V_m

시간에 따라 변화하는 교류 전압의 최대값이다. 양의 최대값과 음의 최대값 사이의 전압의 크기를 $V_{p\text{-}p}$라 하면, 최대값은 $V_{p\text{-}p}$의 1/2이다.

$$V_m = \frac{V_{p\text{-}p}}{2}$$

(3) 실효값 V_{rms}

교류전압에 대해 그것과 동일한 효과를 나타낼 수 있는 직류값을 실효값이라 한다.

$$V_{rms} = \frac{V_m}{\sqrt{2}} = 0.707\,V_m$$

(4) 평균값 V_{av}

시간에 따라 변화하는 교류전압의 반주기에 대한 평균값이다.

$$V_{av} = 0.637\,V_m$$

(5) 주기, 주파수

교류신호의 1사이클(cycle)이 완성되는 데 걸리는 시간을 주기(period)라 하고, T로 표시한다. 1초당 반복되는 사이클의 수를 주파수(frequency)라 하고, f로 표시한다. 주기와 주파수 사이에는 다음과 같은 관계가 성립한다.

$$T = \frac{1}{f}$$

그림 16-5는 오실로스코프에 표시된 정현파와 구형파 전압을 각각 나타낸 것이다. 그림 16-5의 파형으로부터 전압 $V_{p\text{-}p}$와 주기 T는 각각 다음과 같이 측정된다.

$$V_{p\text{-}p} = \text{파형의 세로 눈금수(DIV)} \times \text{VOLTS/DIV}$$

$$T = \text{파형의 1사이클당 가로 눈금수(DIV)} \times \text{TIME/DIV}$$

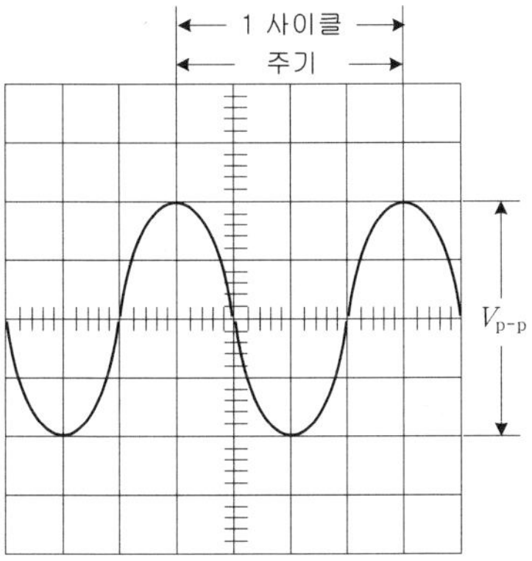

(a) 정현파

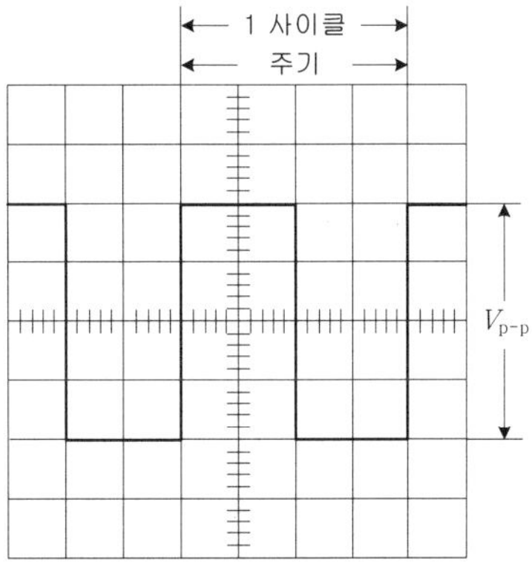

(b) 구형파

그림 16-5 오실로스코프 파형

(6) 위 상

오실로스코프를 이용하면 같은 주파수의 두 신호 사이의 위상각을 구할 수 있다. 여기서는 리사쥬 도형에 의한 X-Y위상측정에 대해 살펴본다. 먼저 두 신호를 각각 오실로스코프의 수직과 수평 입력단자에 연결한다. 다음으로 오실로스코프의 동작모드를 X-Y모드로 설정하면, CRT 화면에 리사쥬 도형이 나타난다.

그림 16-6은 오실로스코프의 CRT 화면에 나타난 리사쥬 도형으로부터 위상각을 계산하는 방법을 나타낸 것이다.

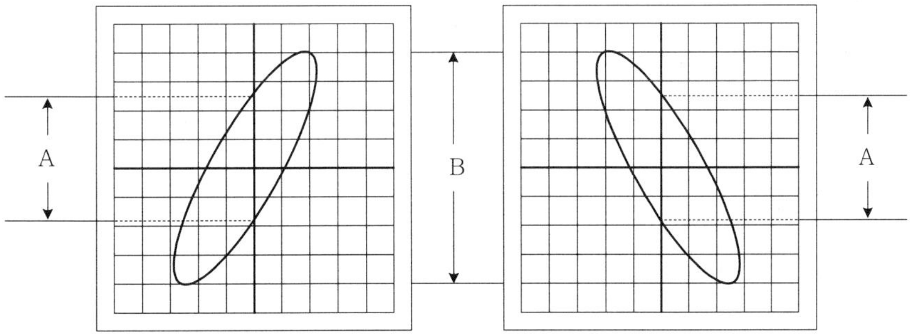

$0° < \theta < 90°$ 또는

$270° < \theta < 360°$

$\theta = \sin^{-1}\left(\frac{A}{B}\right)$

(a)

$90° < \theta < 180°$ 또는

$180° < \theta < 270°$

$\theta = 180° - \sin^{-1}\left(\frac{A}{B}\right)$

(b)

그림 16-6 리사쥬 도형에 의한 위상측정

한편 두 신호의 주파수의 비가 정수가 되도록 하면, 그림 16-7에 보인 바와 같은 두 신호간의 주파수비 및 위상차에 따른 리사쥬 도형이 얻어진다.

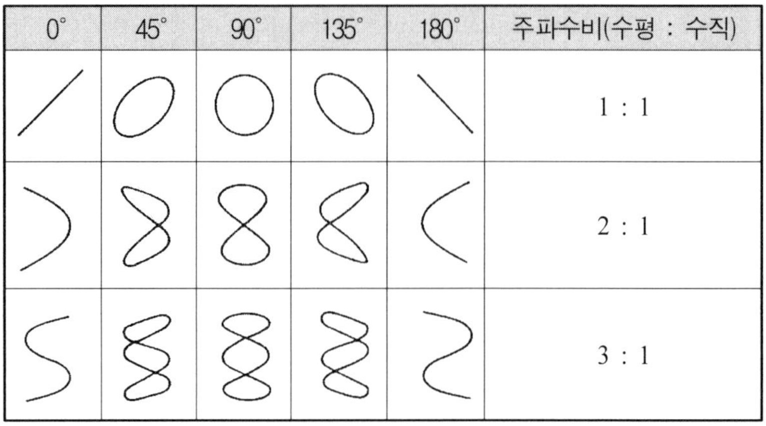

그림 16-7 리사쥬 도형

실험기기 및 부품

1. 함수발생기
2. 오실로스코프

실험순서

(1) 오실로스코프의 조정 단자들을 다음과 같은 상태로 조정하라.

SOURCE : CH1
TRIG MODE : AUTO
TRIG LEVEL : 0
AC-GND-DC : AC
VOLTS/DIV : 1V/DIV
TIME/DIV : 0.5ms/DIV

(2) 오실로스코프의 프로브를 ×1의 위치에 놓고 CH1 입력단자에 연결한 후, 그림 16-8과 같이 $4V_{p\text{-}p}$, 1kHz의 정현파가 되도록 함수발생기를 조정하라.

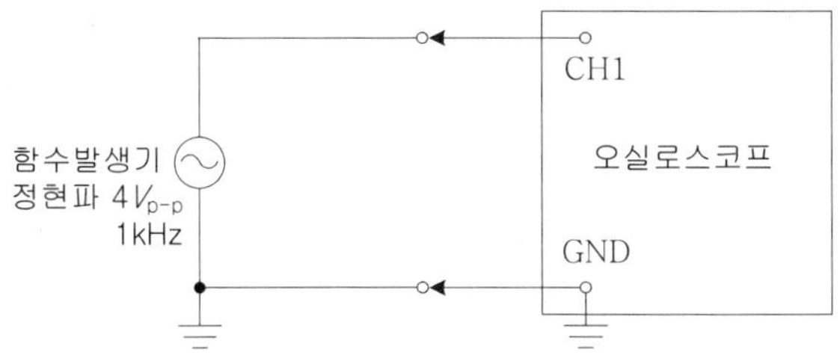

그림 16-8

(3) 위에서 발생된 정현파의 파형을 그림 16-9에 그려라.

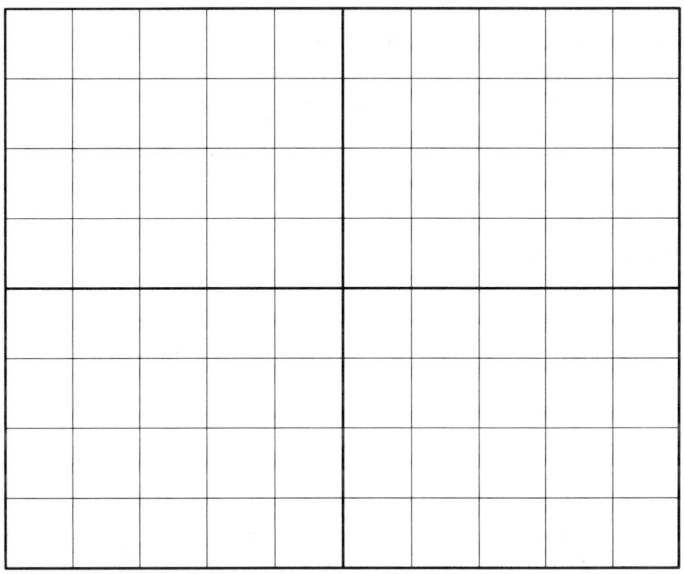

VOLTS/DIV :
TIME/DIV :

그림 16-9

(4) 오실로스코프의 화면에 표시된 파형의 세로 눈금은 몇 칸인가?

세로 눈금수 : ______________칸(DIV)

(5) 오실로스코프의 화면에 표시된 정현파 전압의 $V_{p\text{-}p}$를 계산하라.

$$V_{P\text{-}P} = \text{파형의 세로 눈금수(DIV)} \times \text{VOLTS/DIV}$$

$$= \underline{\qquad\qquad\qquad} \text{V}$$

(6) 위의 결과를 이용하여 정현파 전압의 최대값, 실효값, 평균값을 계산하라.

$V_m = V_{p-p}/2 \quad = $ ______________ V

$V_{rms} = 0.707\,V_m \quad = $ ______________ V

$V_{av} = 0.637\,V_m \quad = $ ______________ V

(7) 오실로스코프의 화면에 표시된 파형의 1사이클당 가로 눈금은 몇 칸인가?

가로 눈금수 : ______________ 칸(DIV)

(8) 오실로스코프의 화면에 표시된 정현파의 주기 T를 계산하라.

T = 파형의 1사이클당 가로 눈금수(DIV) × TIME/DIV

= ______________ s

(9) 위의 결과로부터 화면에 표시된 정현파의 주파수 f를 계산하라.

$f = \frac{1}{T} = $ ______________ Hz

(10) 실험순서 (4)에서 (9)까지의 결과를 표 16-1에 기록하라.

표 16-1

인가전압, 주파수	$4V_{p-p}$, 1kHz
VOLTS/DIV	1V/DIV
세로 눈금수	
V_{p-p}	
V_m	
V_{rms}	
V_{av}	
TIME/DIV	0.5ms/DIV
1사이클당 가로 눈금수	
주기 T	
주파수 f	

(11) 함수발생기에서 정현파의 전압과 주파수를 각각 $5V_{p-p}$와 2kHz로 조정하라.

(12) 오실로스코프의 VOLTS/DIV와 TIME/DIV를 변경한 후, 실험순서 (4)에서 (9)까지의 과정을 반복하고, 그 결과를 표 16-2에 기록하라.

표 16-2

인가전압, 주파수	$5V_{p-p}$, 2kHz
VOLTS/DIV	
세로 눈금수	
V_{p-p}	
V_m	
V_{rms}	
V_{av}	
TIME/DIV	
1사이클당 가로 눈금수	
주기 T	
주파수 f	

실 험 보 고 서

실험제목	실험 16. 오실로스코프			
학 번	성 명	실험조	실험일자	제출일자

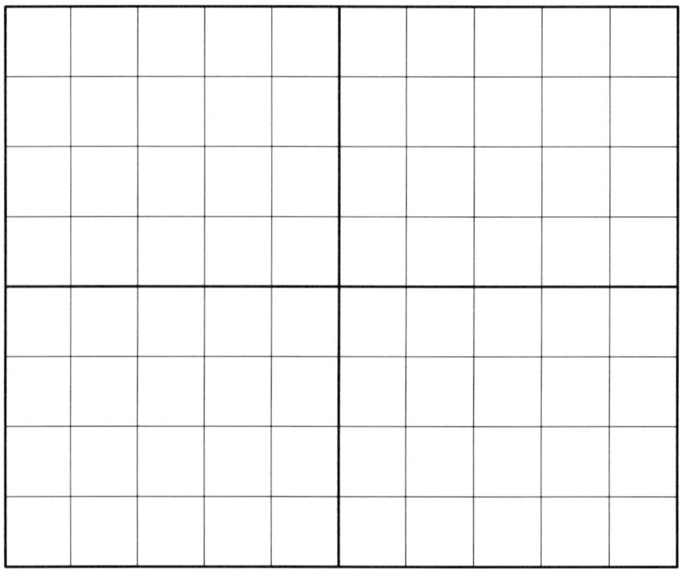

VOLTS/DIV :

TIME/DIV :

그림 16-9

표 16-1

인가전압, 주파수	$4V_{p-p}$, 1kHz
VOLTS/DIV	1V/DIV
세로 눈금수	
V_{p-p}	
V_m	
V_{rms}	
V_{av}	
TIME/DIV	0.5ms/DIV
1사이클당 가로 눈금수	
주기 T	
주파수 f	

표 16-2

인가전압, 주파수	$5V_{p-p}$, 2kHz
VOLTS/DIV	
세로 눈금수	
V_{p-p}	
V_m	
V_{rms}	
V_{av}	
TIME/DIV	
1사이클당 가로 눈금수	
주기 T	
주파수 f	

실험 17. RC 시정수

목 적

1. 직류전원이 인가된 RC 회로의 동작을 이해한다.
2. 커패시터가 충전 또는 방전될 때 시정수를 이해한다.

이 론

그림 17-1은 직류 전압원과 직렬로 연결된 RC 회로를 나타낸 것이다. 이 때 스위치가 A 위치에 있으면 커패시터는 충전(charge)되고, 스위치가 B 위치에 있으면 커패시터는 방전(discharge)된다.

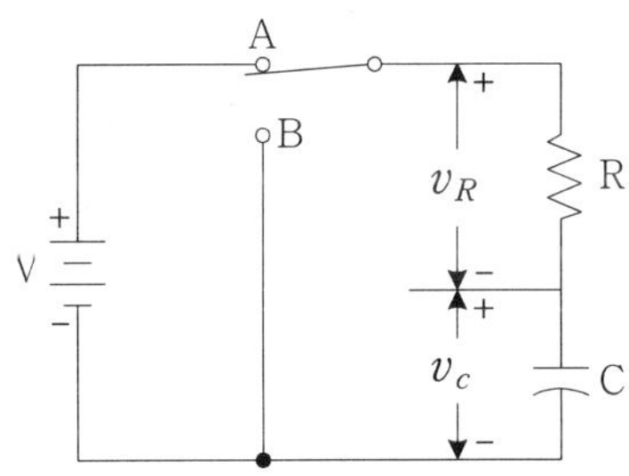

그림 17-1 RC 직렬회로

커패시터가 저항을 통해 충전되거나 방전되는 율은 회로의 시정수(time constant)에 의해 결정된다. RC 직렬회로의 시정수 τ는 다음과 같이 저항과 커패시턴스의 곱으로 주어진다.

$$\tau = RC$$

여기서 저항 R은 [Ω], 커패시턴스 C는 [F], 그리고 시정수 τ는 [s]의 단위를 갖는다.

한편 저항이 증가하면 충전 전류가 감소되므로, 커패시터의 충전시간은 증가하게 된다. 또한 커패시턴스가 증가하면 축적되는 전하의 양이 증가하므로, 같은 전류에 대해 커패시터를 충전시키는 데 걸리는 시간이 증가한다.

시정수는 초기에 충전되지 않은 커패시터가 최종 충전전압의 63%까지 충전되는 데 걸리는 시간이다. 또한 커패시터가 방전될 때에는 초기값의 37%로 전압이 감소될 때까지 걸리는 시간이다.

그림 17-1에서 스위치를 A로 하여 초기전압 0으로부터 커패시터를 충전시킬 때, 커패시터 전압 v_c는 다음 식으로 주어진다.

$$v_c = V(1-e^{-t/\tau})$$

$$= V(1-e^{-t/RC}) \quad [\mathrm{V}]$$

여기서 V는 커패시터에서의 최종 충전전압을 나타낸다.

다음으로 스위치를 B로 하여 커패시터를 방전시킬 경우, 커패시터 전압은 초기전압 V로부터 시간에 따라 지수함수적으로 감소한다. 따라서 커패시터의 방전전압은 다음 식과 같이 표현된다.

$$v_c = Ve^{-t/RC} \quad [\mathrm{V}]$$

그림 17-2는 RC 회로에서 충전 또는 방전 시, 시간에 대한 커패시터 전압의 변화를 백분율로 나타낸 것이다. 그림에서 알 수 있는 바와 같이 커패시터 전압은 지수함수적으로 변화한다.

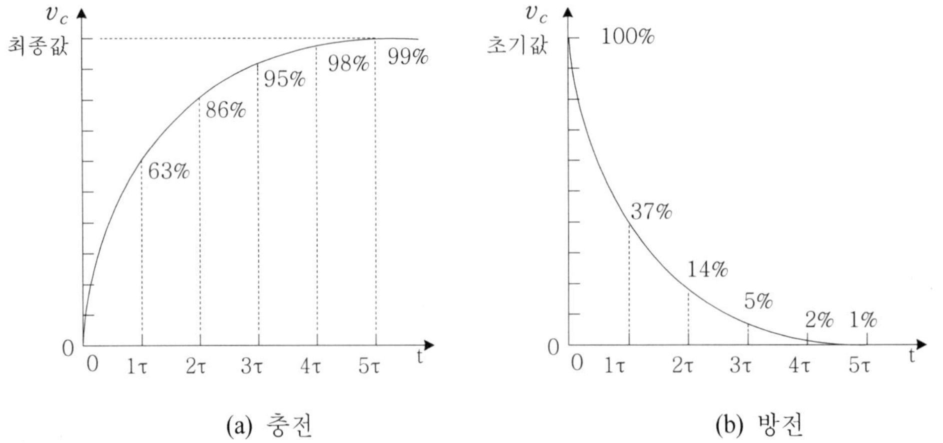

그림 17-2 커패시터의 충전과 방전

실험기기 및 부품

1. 전원공급기
2. 디지털 멀티미터
3. 스위치 2개
4. 저항 100kΩ 2개, 1MΩ
5. 커패시터 10μF, 220μF
6. 초시계

실험순서

(1) 그림 17-3과 같은 회로를 구성하라.

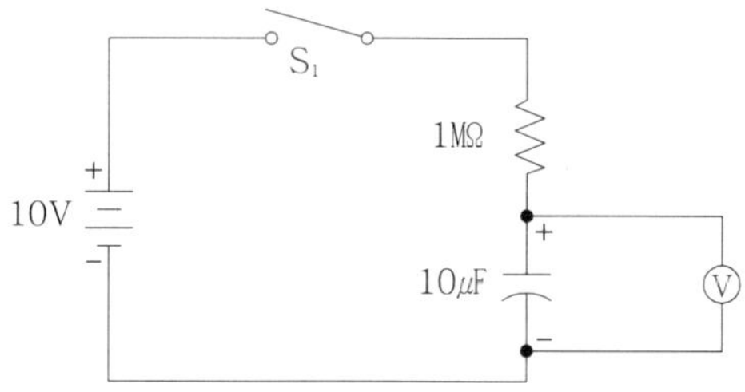

그림 17-3

(2) 그림 17-3의 회로에서 스위치 S_1을 닫고 커패시터를 충전시킬 때 시정수 τ를 계산하라.

$$\tau = RC = \underline{\qquad\qquad}\ \mathrm{s}$$

(3) 위에서 구한 시정수를 이용하여 표 17-1의 첫째 열에 해당하는 시간을 계산하라.

표 17-1 충전시 커패시터 전압

시정수	시 간	커패시터 전압	
		이론값	측정값
0			
0.5τ			
1.0τ			
1.5τ			
2.0τ			
3.0τ			
4.0τ			
5.0τ			
6.0τ			

(4) 그림 17-3의 회로에서 커패시터를 완전히 방전시키고 스위치 S_1을 닫은 후, 표 17-1의 각 시간에 해당하는 커패시터 전압을 측정하고 그 결과를 기록하라.

(5) $v_c = V(1-e^{-t/\tau})$의 식을 이용하여 표 17-1의 각 시간에 해당하는 커패시터 전압을 계산하라.

(6) 그림 17-4와 같은 회로를 구성하고, 커패시터에 디지털 멀티미터를 연결하라.

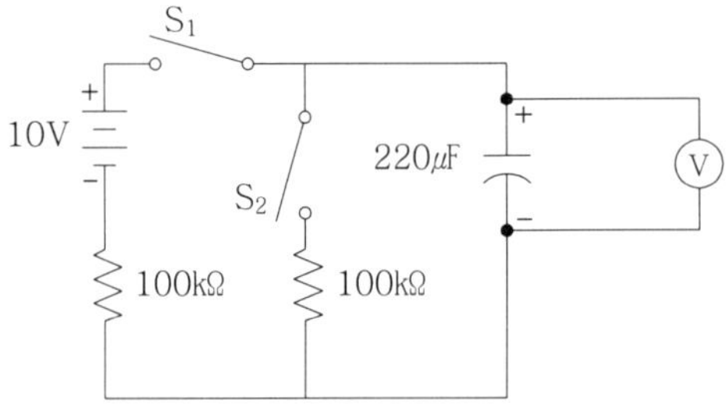

그림 17-4

(7) 그림 17-4의 회로에서 스위치 S_1을 닫고 커패시터를 충전시킨다. 다시 스위치 S_1을 열고 스위치 S_2를 닫은 후 커패시터를 방전시킬 때 시정수 τ를 계산하라.

$$\tau = RC = \underline{\qquad\qquad}\ \mathrm{s}$$

(8) 위에서 구한 시정수를 이용하여 표 17-2의 첫째 열에 해당하는 시간을 계산하라.

표 17-2 방전시 커패시터 전압

시정수	시 간	커패시터 전압	
		이론값	측정값
0			
0.5τ			
1.0τ			
1.5τ			
2.0τ			
3.0τ			
4.0τ			
5.0τ			
6.0τ			

(9) 그림 17-4의 회로에서 스위치 S_2를 열고 스위치 S_1을 닫은 후 커패시터를 충분히 충전시켜라.

(10) 그림 17-4의 회로에서 스위치 S_1을 열고 스위치 S_2를 닫은 후 커패시터를 방전시킬 때, 표 17-2의 각 시간에 해당하는 커패시터 전압을 측정하고 그 결과를 기록하라.

(11) $v_c = Ve^{-t/\tau}$의 식을 이용하여 표 17-2의 각 시간에 해당하는 커패시터 전압을 계산하라.

(12) 표 17-1과 표 17-2의 측정값을 이용하여, 그림 17-5에 커패시터의 충전곡선과 방전곡선을 그려라.

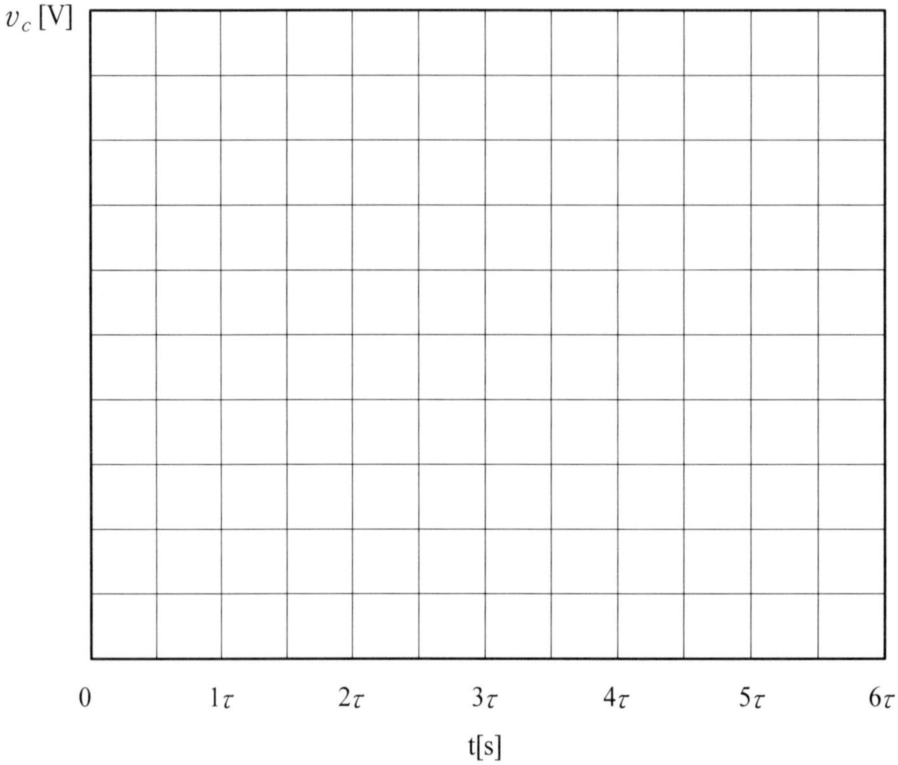

그림 17-5

실 험 보 고 서

실험제목	실험 17. RC 시정수			
학　번	성　명	실험조	실험일자	제출일자

(2) 충전 시정수

$\tau = RC =$ ________ s

표 17-1 충전시 커패시터 전압

시정수	시 간	커패시터 전압	
		이론값	측정값
0			
0.5τ			
1.0τ			
1.5τ			
2.0τ			
3.0τ			
4.0τ			
5.0τ			
6.0τ			

(7) 방전 시정수

$\tau = RC =$ ________ s

표 17-2 방전시 커패시터 전압

시정수	시 간	커패시터 전압	
		이론값	측정값
0			
0.5τ			
1.0τ			
1.5τ			
2.0τ			
3.0τ			
4.0τ			
5.0τ			
6.0τ			

(12)

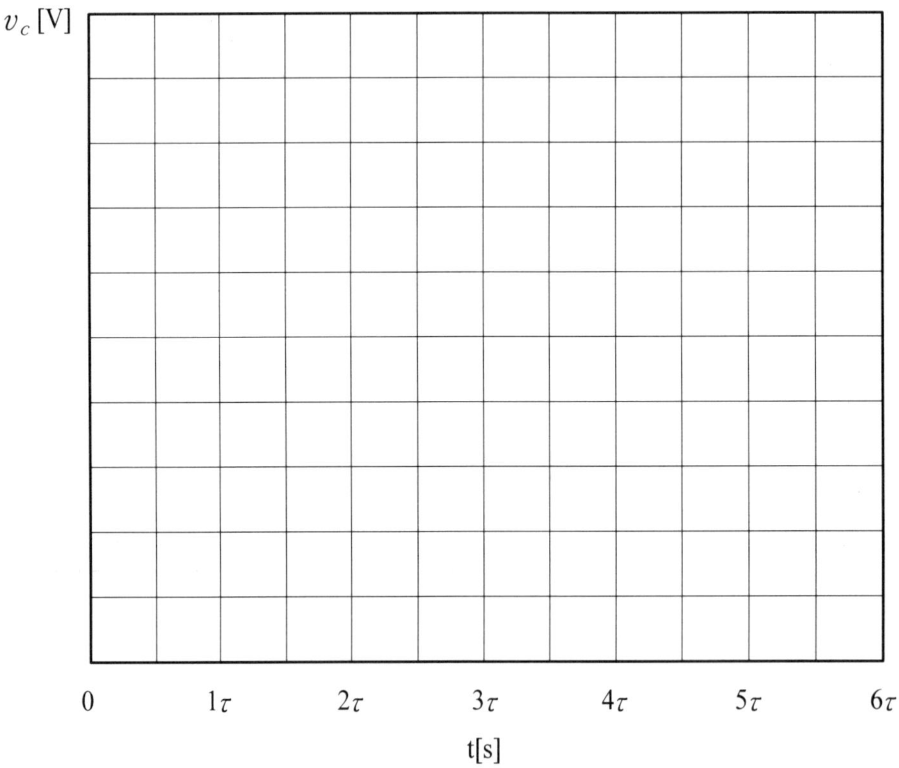

그림 17-5

실험 18. RL 시정수

목 적

1. 직류전원이 인가된 RL 회로의 동작을 이해한다.
2. RL 회로의 시정수를 이해한다.

이 론

그림 18-1과 같은 RL 직렬회로에서 스위치 S_2를 열고 스위치 S_1을 닫았을 때, 전류가 최대값에 도달하기 위해서는 어느 정도 시간이 걸리게 된다. 이와 같이 전류와 시간 사이에는 어떤 관계가 있고, 이 관계는 유도성 시정수(inductive time constant)로 표현된다.

유도성 시정수는 RL 직렬회로에 직류전원을 인가하였을 때, 전류가 최대값의 63%까지 증가하는 데 걸리는 시간이다. 이 시정수는 코일의 인덕턴스에 비례하고 저항에 반비례한다. 시정수는 RC 직렬회로에서와 같이 τ로 나타내고, 다음 식으로 표현된다.

$$\tau = \frac{L}{R}$$

여기서 인덕턴스 L은 [H], 저항 R은 [Ω], 그리고 시정수 τ는 [s]의 단위를 갖는다.

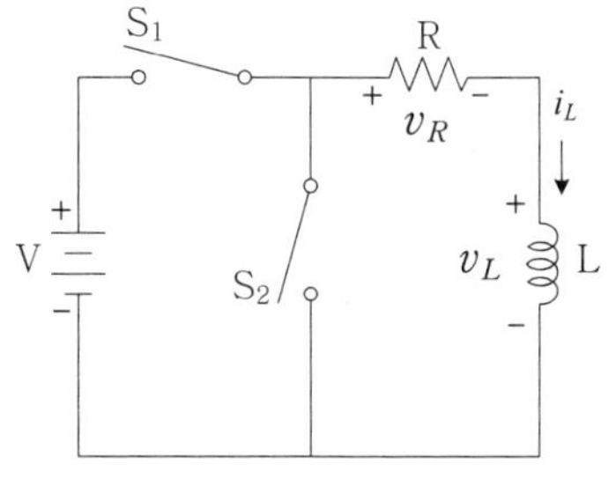

그림 18-1 RL 직렬회로

그림 18-1의 RL 직렬회로에서 스위치 S_2를 열고 스위치 S_1을 닫은 후, 인덕터에 흐르는 전류 i_L은 초기전류 0으로부터 지수함수적으로 증가하므로, 다음 식과 같이 나타낼 수 있다.

$$i_L = \frac{V}{R}(1 - e^{-t/\tau})$$

$$= \frac{V}{R}(1 - e^{-Rt/L}) \qquad [A]$$

또한 인덕터 전압 v_L은 초기전압 V로부터 지수함수적으로 감소하므로, 다음 식과 같이 나타낼 수 있다.

$$v_L = Ve^{-Rt/L} \qquad [V]$$

한편 인덕터 전압이 지수함수적으로 감소하는 동안, 저항 양단의 전압 v_R은 다음 식과 같이 지수함수적으로 증가한다.

$$v_R = V(1 - e^{-Rt/L}) \qquad [V]$$

그림 18-1의 회로에서 스위치 S_2를 열고 스위치 S_1을 닫은 후, 저항 양단의 전압 v_R과 인덕터 전압 v_L의 시간적인 변화는 그림 18-2에서와 같다.

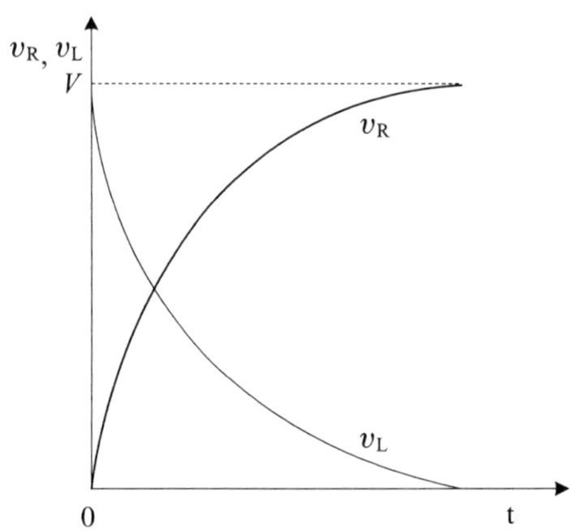

그림 18-2 RL 직렬회로의 전압

다음으로 그림 18-1의 회로에서 스위치 S_1이 닫혀 있었다고 가정할 때, 스위치 S_1을 열고 스위치 S_2를 닫은 후, 인덕터에 흐르는 전류에 대해 살펴보자. 이 때 인덕터에 흐르는 전류 i_L은 초기전류 V/R로부터 지수함수적으로 감소하므로, 다음과 같이 표현된다.

$$i_L = \frac{V}{R} e^{-Rt/L} \qquad \text{[A]}$$

실험기기 및 부품

1. 전원공급기
2. 함수발생기
3. 오실로스코프
4. 저항 1kΩ
5. 인덕터 100mH

실험순서

(1) 함수발생기의 출력단자를 오실로스코프에 연결하고, 그림 18-3과 같은 구형파가 되도록 조정하라.

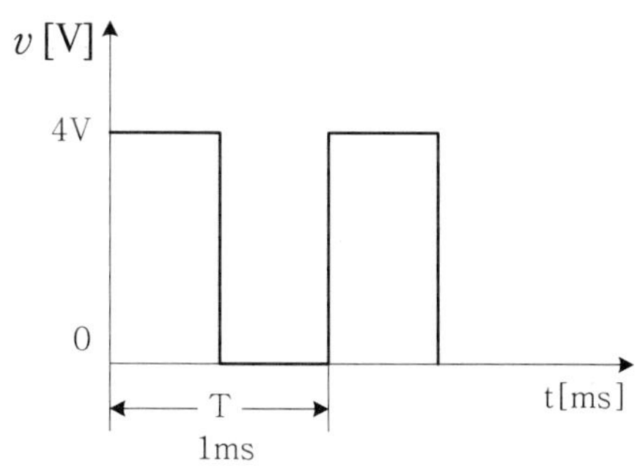

그림 18-3 구형파

(2) 그림 18-4에 위에서 발생시킨 구형파를 그려라.

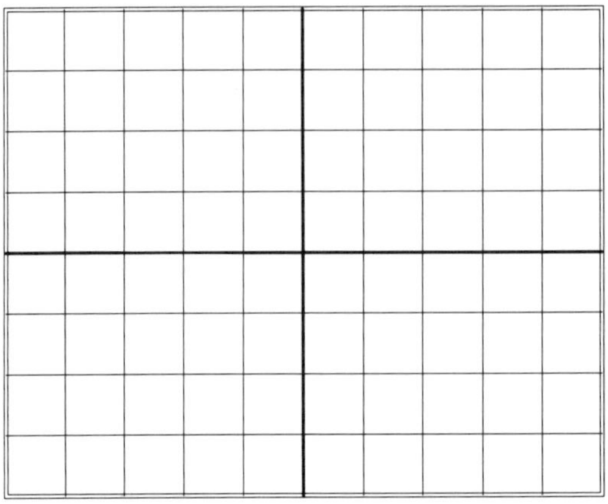

VOLTS/DIV :
TIME/DIV :

그림 18-4

(3) 그림 18-5와 같은 회로를 구성하고 인덕터 양단에 오실로스코프의 프로브를 연결하라.

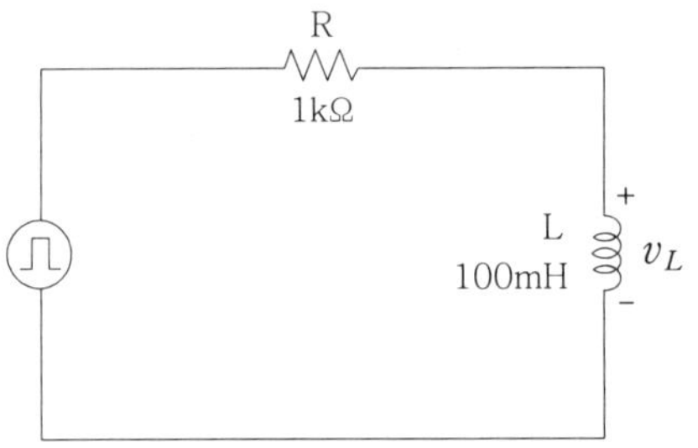

그림 18-5

(4) 실험순서 (1)에서 발생시킨 구형파를 그림 18-5의 회로에 인가하고, 그림 18-6에 인덕터 전압파형을 그려라.

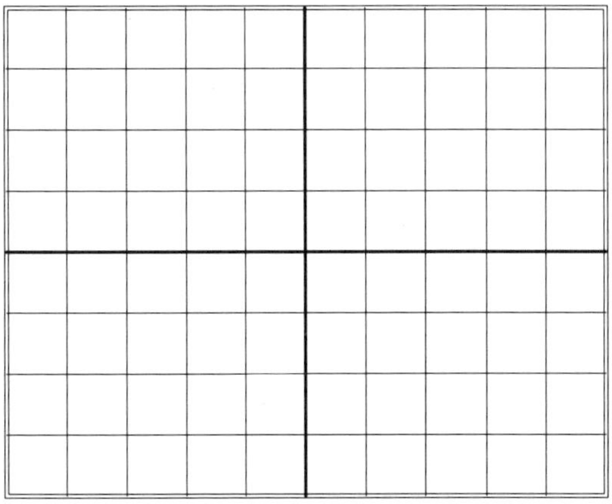

VOLTS/DIV :

TIME/DIV :

그림 18-6

(5) 그림 18-5의 회로에서 시정수 τ를 계산하라.

$$\tau = \frac{L}{R} = \underline{\qquad\qquad} \mathrm{s}$$

(6) 위에서 구한 시정수를 이용하여 표 18-1의 첫째 열에 해당하는 시간을 계산하라.

표 18-1 인덕터 전압

시정수	시 간	인덕터 전압	
		이론값	측정값
0			
0.5τ			
1.0τ			
1.5τ			
2.0τ			
2.5τ			
3.0τ			
3.5τ			
4.0τ			

(7) 오실로스코프를 이용하여 표 18-1의 각 시간에 해당하는 인덕터 전압을 구하고, 그 결과를 기록하라.

(8) $v_L = Ve^{-t/\tau}$의 식을 이용하여 표 18-1의 각 시간에 해당하는 인덕터 전압을 계산하라.

(9) 표 18-1의 측정값을 이용하여 그림 18-7에 시간에 따른 인덕터 전압파형을 그려라.

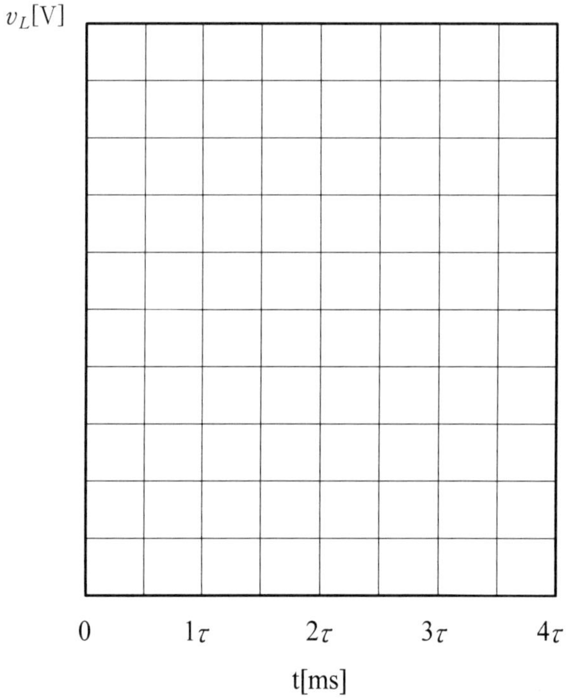

그림 18-7

(10) 오실로스코프를 이용하여 인덕터 전압파형을 관찰하고 시정수를 구한 후, 실험순서 (5)에서 구한 이론값과 비교하라.

표 18-2 시정수

이론값	측정값

실 험 보 고 서

실험제목	실험 18. RL 시정수			
학　　번	성　　명	실험조	실험일자	제출일자

(2)

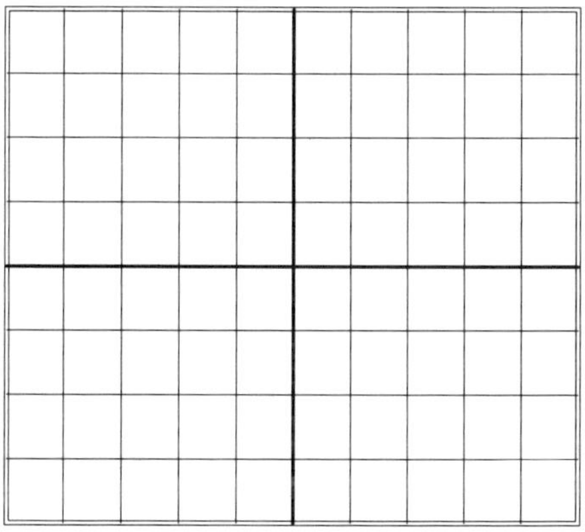

VOLTS/DIV :
TIME/DIV :

그림 18-4

(4)

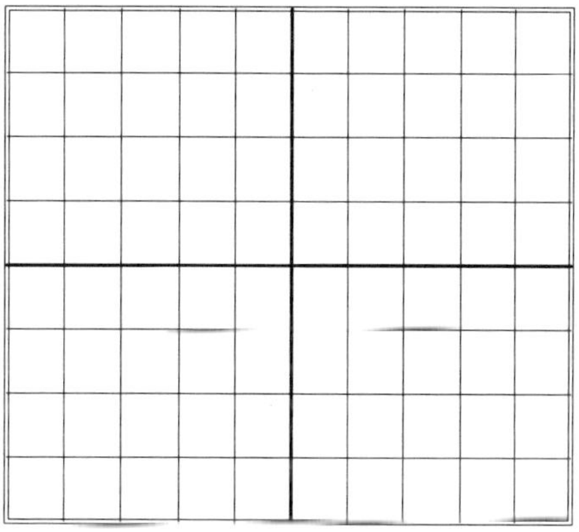

VOLTS/DIV :
TIME/DIV :

그림 18-6

(5) 시정수

$$\tau = \frac{L}{R} = \underline{\qquad\qquad\qquad} \text{ s}$$

표 18-1 인덕터 전압

시정수	시 간	인덕터 전압	
		이론값	측정값
0			
0.5τ			
1.0τ			
1.5τ			
2.0τ			
2.5τ			
3.0τ			
3.5τ			
4.0τ			

(9) v_L[V]

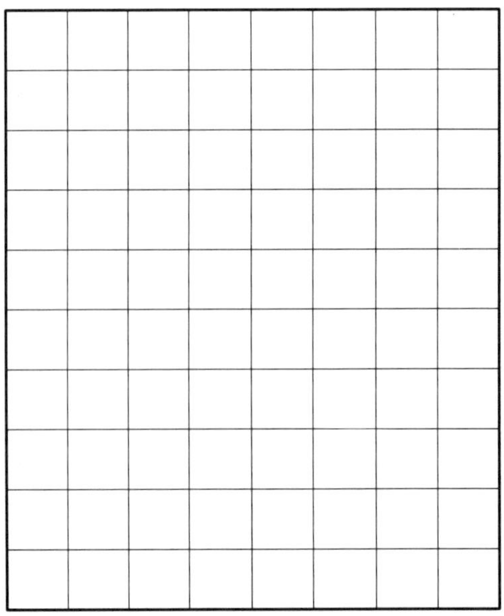

0 1τ 2τ 3τ 4τ

t[ms]

그림 18-7

(10)

표 18-2 시정수

이론값	측정값

실험 19. 용량성 리액턴스

목 적

1. 교류회로에서 커패시터의 특성을 실험적으로 이해한다.
2. 용량성 리액턴스를 정의하고, 그 측정방법을 익힌다.
3. 용량성 전압분배기를 실험적으로 이해한다.

이 론

그림 19-1은 교류 전압원이 인가된 커패시터 회로를 나타낸 것이다. 이 회로에서 교류 전압원의 진폭을 일정하게 유지하고 전압원의 주파수를 변화시켜 보자. 전압원의 주파수가 증가하면 전류의 진폭은 증가하고, 전압원의 주파수가 감소하면 전류의 진폭은 감소한다.

일정한 전압에 대해 전류가 증가하는 것은 전류의 흐름을 방해하는 정도가 감소함을 의미한다. 커패시터에 교류 전압원을 인가하였을 때 전류를 방해하는 정도를 용량성 리액턴스(capacitive reactance)라고 한다.

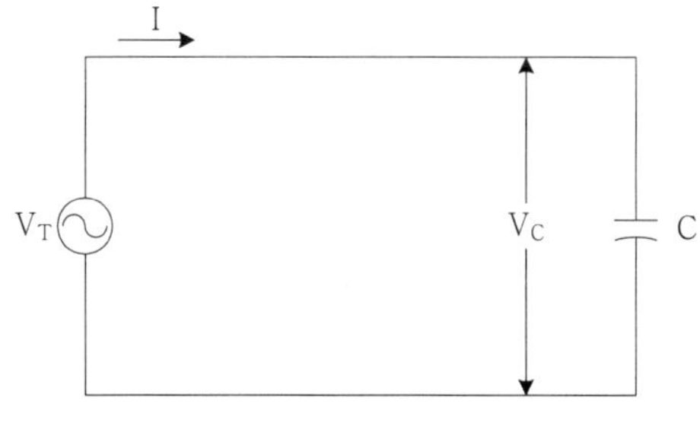

그림 19-1

커패시터의 용량성 리액턴스 X_C는 커패시턴스와 주파수에 반비례하므로, 다음 식과 같이 나타낼 수 있다.

$$X_C = \frac{1}{2\pi fC}$$

여기서 커패시턴스 C는 [F], 주파수 f는 [Hz], 그리고 용량성 리액턴스 X_C는 [Ω]의 단위를 갖는다.

또한 그림 19-1의 회로에 흐르는 전류와 커패시터 전압의 실효값을 각각 I, V_C라 하면, 용량성 리액턴스 X_C는 다음 식으로 표현된다.

$$X_C = \frac{V_C}{I}$$

그림 19-1의 회로에 대한 전류와 전압의 위상관계는 그림 19-2 (a)에서와 같다. 그림에서 알 수 있는 바와 같이 전류 I는 전압 V_C보다 위상이 90° 앞선다. 또한 그림 19-2 (b)는 전압 V_C를 기준으로 하였을 때, I가 V_C보다 반시계방향으로 90° 앞서는 페이저도를 나타낸 것이다.

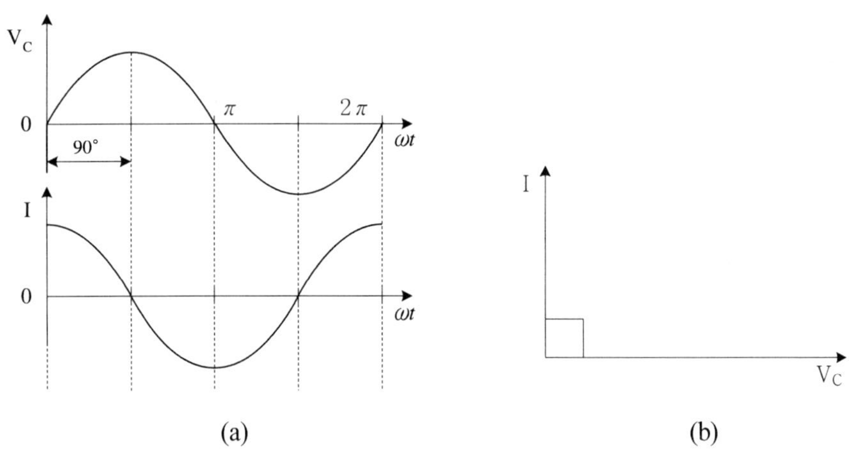

그림 19-2

한편 실험적으로 용량성 리액턴스를 구하는 방법을 살펴보자. 먼저 그림 19-3과 같은 회로를 구성하고, 저항 양단의 전압 V_R을 측정한다. 옴의 법칙을 이용하여 회로에 흐르는 전류 I를 구하면,

$$I = \frac{V_R}{R}$$

로 주어진다. 그리고 커패시터 전압 V_C를 측정하고, 다음 식을 이용하여 용량성 리액턴스 X_C를 구하면 된다.

$$X_C = \frac{V_C}{I} = \left(\frac{V_C}{V_R}\right)R$$

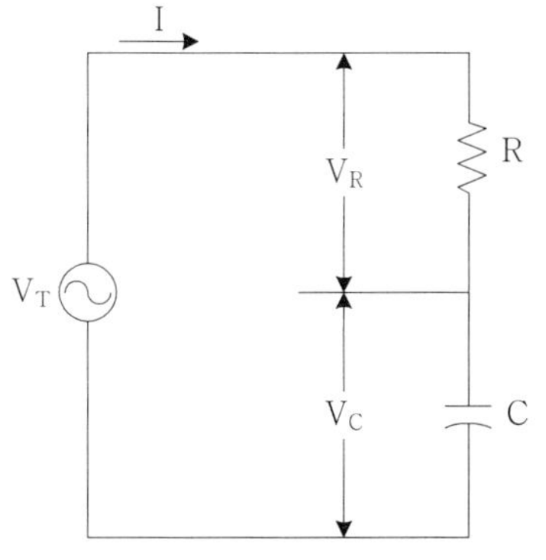

그림 19-3

다음으로 그림 19-4와 같이 용량성 리액턴스의 직·병렬 연결에 대해 살펴보자. 용량성 리액턴스의 단위는 [Ω]이므로, 직렬 또는 병렬 리액턴스는 저항에서와 같은 형태로 표현된다. 즉, 그림 19-4 (a)와 같이 직렬연결일 때 합성 리액턴스는

$$X_{C_T} = X_{C_1} + X_{C_2}$$

로 주어지고, 그림 19-4 (b)와 같이 병렬연결일 때 합성 리액턴스는

$$\frac{1}{X_{C_T}} = \frac{1}{X_{C_1}} + \frac{1}{X_{C_2}}$$

로 주어진다.

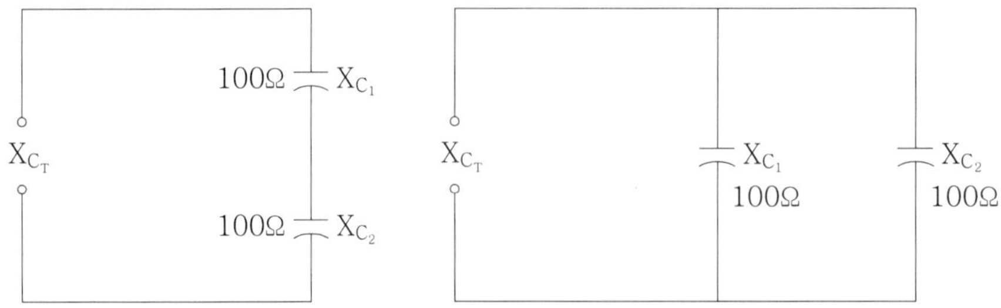

$X_{C_T} = X_{C_1} + X_{C_2} = 200\,\Omega$

$$\frac{1}{X_{C_T}} = \frac{1}{X_{C_1}} + \frac{1}{X_{C_2}}$$

$X_{C_T} = 50\,\Omega$

(a) (b)

그림 19-4

한편 직렬연결된 커패시터의 합성용량 C_T는

$$C_T = \frac{C_1 C_2}{C_1 + C_2}$$

이다.

실험기기 및 부품

1. 함수발생기
2. 오실로스코프
3. 디지털 멀티미터
4. 저항 1kΩ
5. 커패시터 0.1μF, 0.047μF

실험순서

(1) 그림 19-5와 같은 회로를 구성하고 $4V_{p\text{-}p}$, 1kHz의 정현파 전압을 인가하라.

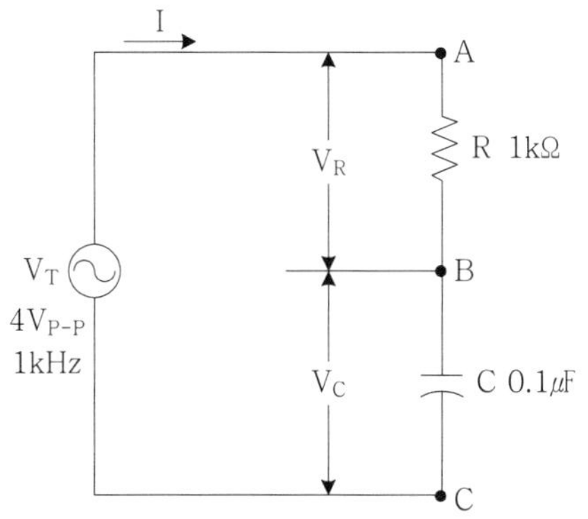

그림 19-5

(2) 디지털 멀티미터를 이용하여 저항 양단의 전압 V_R을 측정하라.

(3) 위에서 측정한 전압 V_R을 이용하여 회로에 흐르는 전류 I를 구하라.

$$I = \frac{V_R}{R}$$

(4) 디지털 멀티미터를 이용하여 커패시터 전압 V_C를 측정하라.

(5) 실험순서 (3)과 (4)의 결과를 이용하여 용량성 리액턴스 X_C를 계산하라.

$$X_C = \frac{V_C}{I}$$

(6) 실험순서 (2)에서 (5)까지의 결과를 표 19-1에 기록하라.

표 19-1

주파수	V_R	I	V_C	X_C
1kHz				
2kHz				
3kHz				
4kHz				
5kHz				
6kHz				

(7) 그림 19-5에서 오실로스코프의 채널 1의 프로브는 A-C단에 연결하고, 채널 2의 프로브는 커패시터(B-C)에 연결하라.

(8) 오실로스코프의 동작모드를 X-Y모드로 설정하고, CRT에 나타난 리사쥬 도형으로부터 위상각을 계산하라.

$$\theta = \underline{\qquad\qquad}^{\circ}$$

(9) 전원의 주파수를 2kHz에서 6kHz까지 증가시킨 후, 실험순서 (2)에서 (5)까지의 과정을 반복하고, 그 결과를 표 19-1에 기록하라.

(10) 표 19-1의 결과를 이용하여, 그림 19-6에 주파수에 대한 용량성 리액턴스의 변화를 그려라.

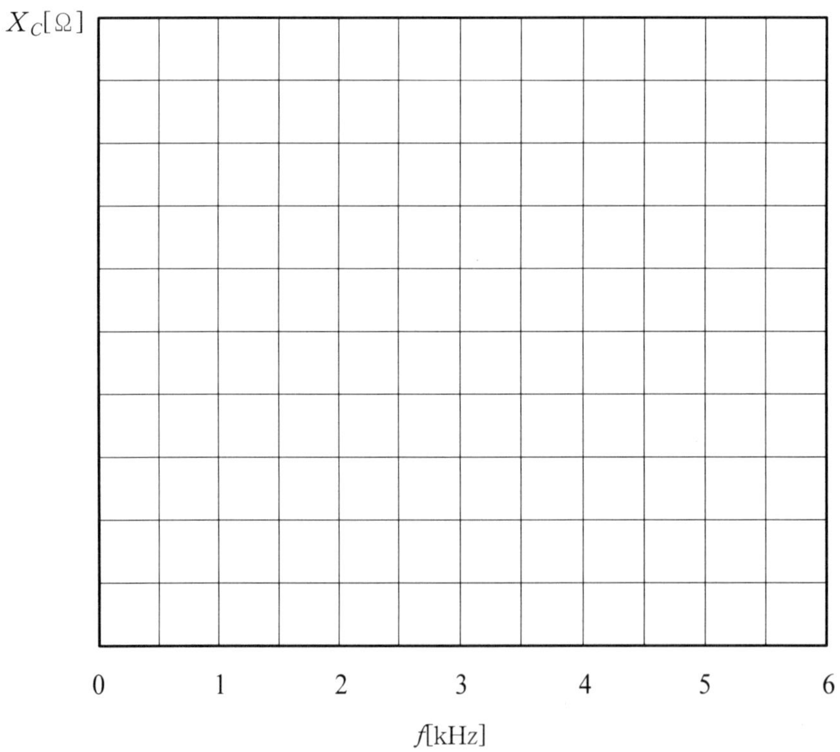

그림 19-6

(11) 그림 19-7과 같은 회로를 구성하고 $2V_{p\text{-}p}$, 500Hz의 정현파 전압을 인가하라.

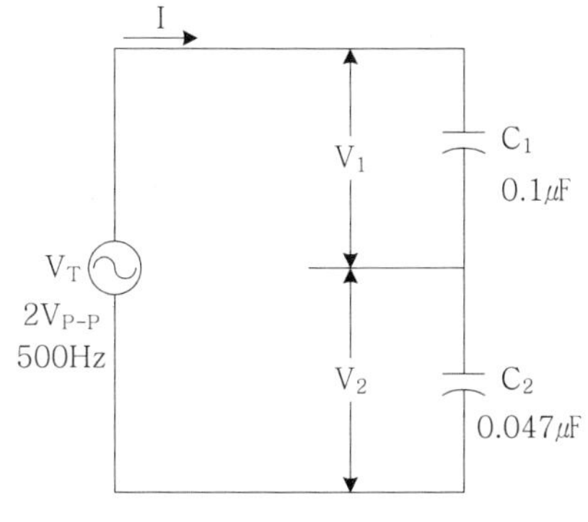

그림 19-7

(12) 디지털 멀티미터를 이용하여 커패시터 전압 V_1, V_2를 측정하라.

(13) 그림 19-7의 회로에 흐르는 전류 I를 측정하고, 각 커패시터의 용량성 리액턴스 X_{C_1}, X_{C_2}를 구하라.

$$X_{C_1} = \frac{V_1}{I}$$

$$X_{C_2} = \frac{V_2}{I}$$

(14) 실험순서 (13)의 결과를 이용하여 합성 리액턴스 X_{C_T}를 구하라.

$$X_{C_T} = X_{C_1} + X_{C_2}$$

(15) 실험순서 (14)의 결과를 이용하여 합성용량 C_T를 구하라.

$$C_T = \frac{1}{2\pi f X_{C_T}}$$

(16) $C_T = \dfrac{C_1 C_2}{C_1 + C_2}$의 식을 이용하여 합성용량 C_T를 구하라.

(17) 실험순서 (12)에서 (16)까지의 결과를 표 19-2에 기록하라.

표 19-2

V_1	V_2	I	X_{C_1}	X_{C_2}	X_{C_T}	C_T	
						$C_T = \frac{1}{2\pi f X_{C_T}}$	$C_T = \frac{C_1 C_2}{C_1 + C_2}$

실 험 보 고 서

실험제목	실험 19. 용량성 리액턴스			
학 번	성 명	실험조	실험일자	제출일자

(6)

표 19-1

주파수	V_R	I	V_C	X_C
1kHz				
2kHz				
3kHz				
4kHz				
5kHz				
6kHz				

(8) $\theta=$ ____________ °

(10)

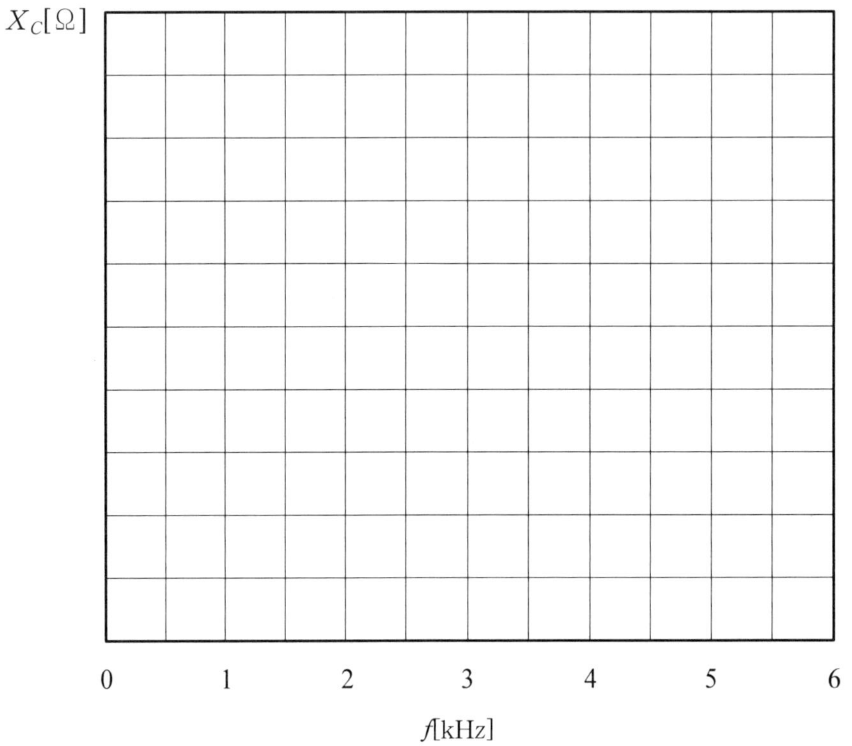

그림 19-6

(17)

표 19-2

V_1	V_2	I	X_{C_1}	X_{C_2}	X_{C_T}	C_T	
						$C_T=\frac{1}{2\pi f X_{C_T}}$	$C_T=\frac{C_1C_2}{C_1+C_2}$

실험 20. 유도성 리액턴스

목 적

1. 교류회로에서 인덕터의 특성을 실험적으로 이해한다.
2. 유도성 리액턴스를 정의하고, 그 측정방법을 익힌다.
3. 유도성 전압분배기를 실험적으로 이해한다.

이 론

그림 20-1은 교류 전압원이 인가된 인덕터 회로를 나타낸 것이다. 이 회로에서 교류 전압원의 진폭을 일정하게 유지하고, 전압원의 주파수를 변화시켜 보자. 전압원의 주파수가 증가하면 전류의 진폭은 감소하고, 전압원의 주파수가 감소하면 전류의 진폭은 증가한다.

일정한 전압에 대해 전류가 감소하는 것은 전류의 흐름을 방해하는 정도가 증가함을 의미한다. 인덕터에 교류 전압원을 인가하였을 때, 전류를 방해하는 정도를 유도성 리액턴스(inductive reactance)라고 한다.

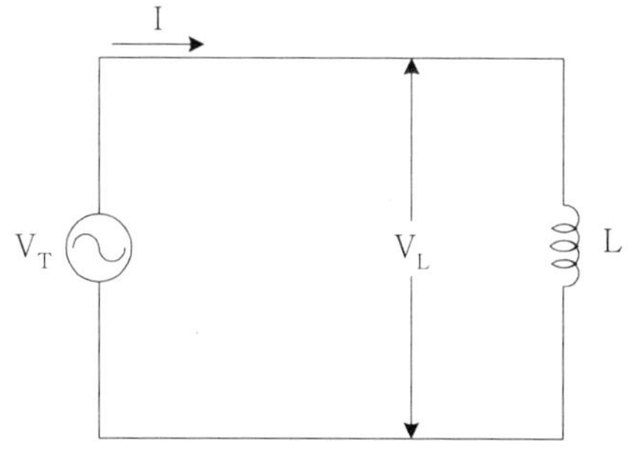

그림 20-1

인덕터의 유도성 리액턴스 X_L은 인덕턴스와 주파수에 의존하므로, 다음 식과 같이 나타낼 수 있다.

$$X_L = 2\pi fL$$

여기서 인덕턴스 L은 [H], 주파수 f는 [Hz], 그리고 유도성 리액턴스 X_L은 [Ω]의 단위를 갖는다.

또한 그림 20-1의 회로에 흐르는 전류와 인덕터 전압의 실효값을 각각 I, V_L이라 하면, 유도성 리액턴스 X_L은 다음 식으로 표현된다.

$$X_L = \frac{V_L}{I}$$

그림 20-1의 회로에 대한 전류와 전압의 위상관계는 그림 20-2 (a)에서와 같다. 그림에서 알 수 있는 바와 같이 전류 I는 전압 V_L보다 위상이 90° 뒤진다. 또한 그림 20-2 (b)의 페이저도에서 V_L은 I보다 반시계방향으로 90° 앞선다.

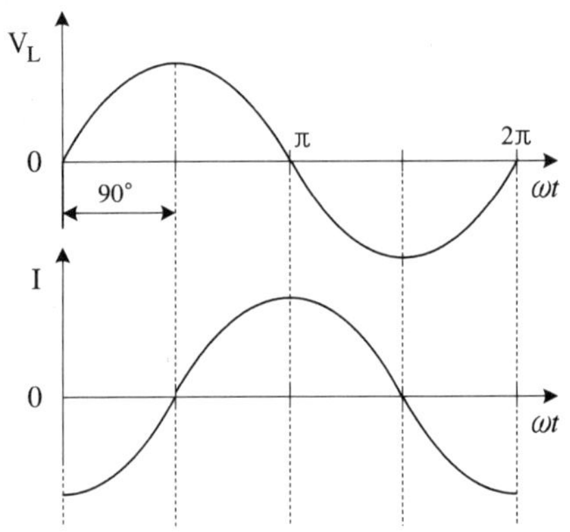

(a)

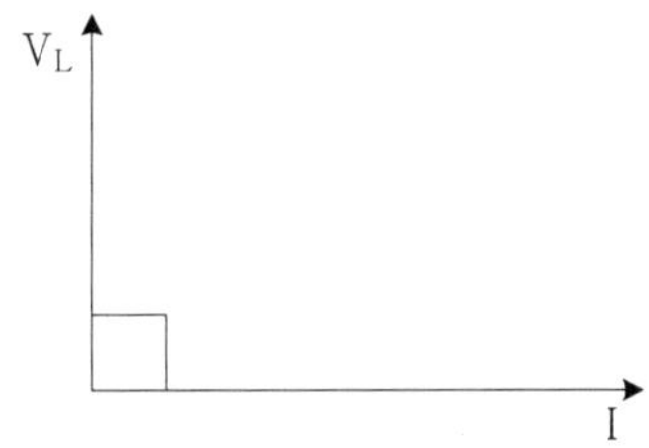

(b)

그림 20-2

한편 실험적으로 유도성 리액턴스를 구하는 방법을 살펴보자. 먼저 그림 20-3과 같은 회로를 구성하고, 저항 양단의 전압 V_R을 측정한다. 옴의 법칙을 이용하여 회로에 흐르는 전류 I를 구하면,

$$I = \frac{V_R}{R}$$

로 주어진다. 그리고 인덕터 전압 V_L을 측정하고, 다음 식을 이용하여 유도성 리액턴스 X_L을 구하면 된다.

$$X_L = \frac{V_L}{I} = \left(\frac{V_L}{V_R}\right)R$$

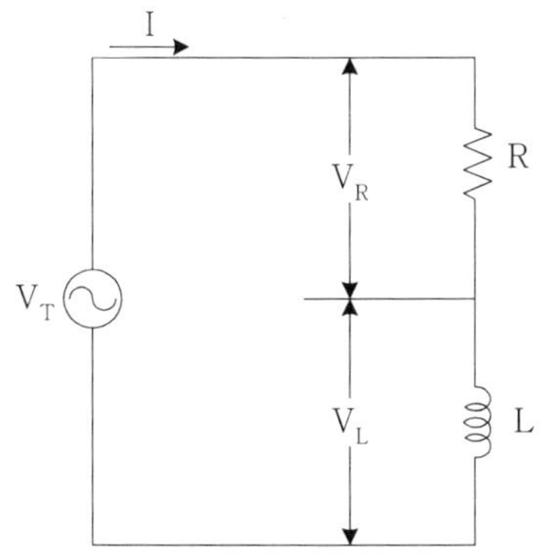

그림 20-3

다음으로 그림 20-4와 같이 유도성 리액턴스의 직·병렬 연결에 대해 살펴보자. 유도성 리액턴스의 단위는 [Ω]이므로, 직렬 또는 병렬 리액턴스는 저항에서와 같은 형태로 표현된다. 즉, 그림 20-4 (a)와 같이 직렬연결일 때 합성 리액턴스는

$$X_{L_T} = X_{L_1} + X_{L_2}$$

로 주어지고, 그림 20-4 (b)와 같이 병렬연결일 때 합성 리액턴스는

$$\frac{1}{X_{L_T}} = \frac{1}{X_{L_1}} + \frac{1}{X_{L_2}}$$

로 주어진다.

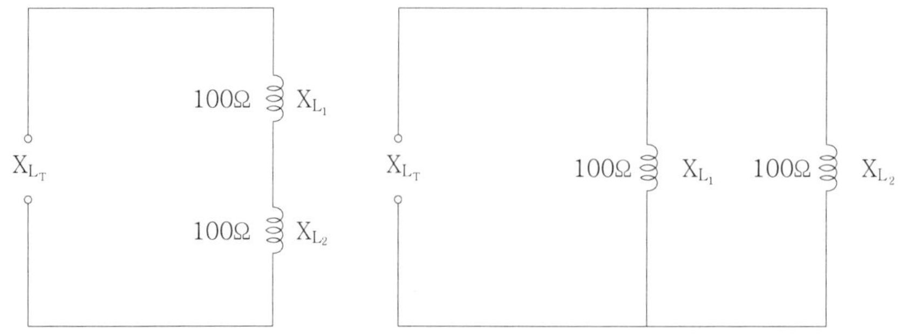

$$X_{L_T} = X_{L_1} + X_{L_2}$$
$$= 200\ \Omega$$

(a)

$$\frac{1}{X_{L_T}} = \frac{1}{X_{L_1}} + \frac{1}{X_{L_2}}$$
$$X_{L_T} = 50\ \Omega$$

(b)

그림 20-4

한편 직렬연결된 인덕터의 합성 인덕턴스 L_T는

$$L_T = L_1 + L_2$$

이다.

실험기기 및 부품

1. 함수발생기
2. 오실로스코프
3. 디지털 멀티미터
4. 저항 1kΩ
5. 인덕터 33mH, 100mH

실험순서

(1) 그림 20-5와 같은 회로를 구성하고 $4V_{p-p}$, 1kHz의 정현파 전압을 인가하라.

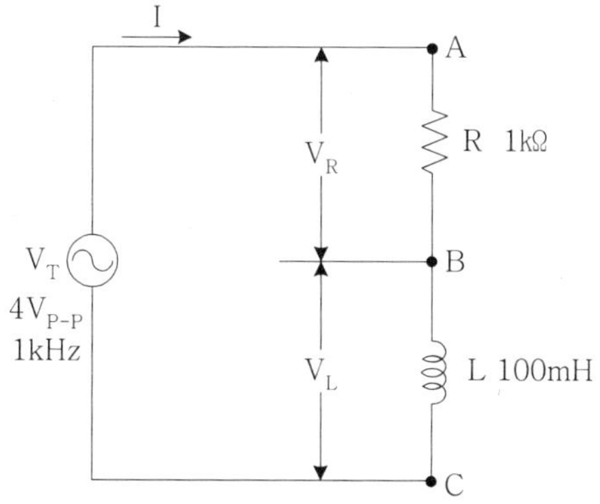

그림 20-5

(2) 디지털 멀티미터를 이용하여 저항 양단의 전압 V_R을 측정하라.

(3) 위에서 측정한 전압 V_R을 이용하여 회로에 흐르는 전류 I를 구하라.

$$I = \frac{V_R}{R}$$

(4) 디지털 멀티미터를 이용하여 인덕터 전압 V_L을 측정하라.

(5) 실험순서 (3)과 (4)의 결과를 이용하여 유도성 리액턴스 X_L을 계산하라.

$$X_L = \frac{V_L}{I}$$

(6) 실험순서 (2)에서 (5)까지의 결과를 표 20-1에 기록하라.

표 20-1

주파수	V_R	I	V_L	X_L
1kHz				
2kHz				
3kHz				
4kHz				
5kHz				
6kHz				

(7) 그림 20-5에서 오실로스코프의 채널 1의 프로브는 A-C단에 연결하고, 채널 2의 프로브는 인덕터(B-C)에 연결하라.

(8) 오실로스코프의 동작모드를 X-Y모드로 설정하고, CRT에 나타난 리사쥬 도형으로부터 위상각을 계산하라.

$$\theta = \underline{\qquad\qquad}°$$

(9) 전원의 주파수를 2kHz에서 6kHz까지 증가시킨 후, 실험순서 (2)에서 (5)까지의 과정을 반복하고, 그 결과를 표 20-1에 기록하라.

(10) 표 20-1의 결과를 이용하여, 그림 20-6에 주파수에 대한 유도성 리액턴스의 변화를 그려라.

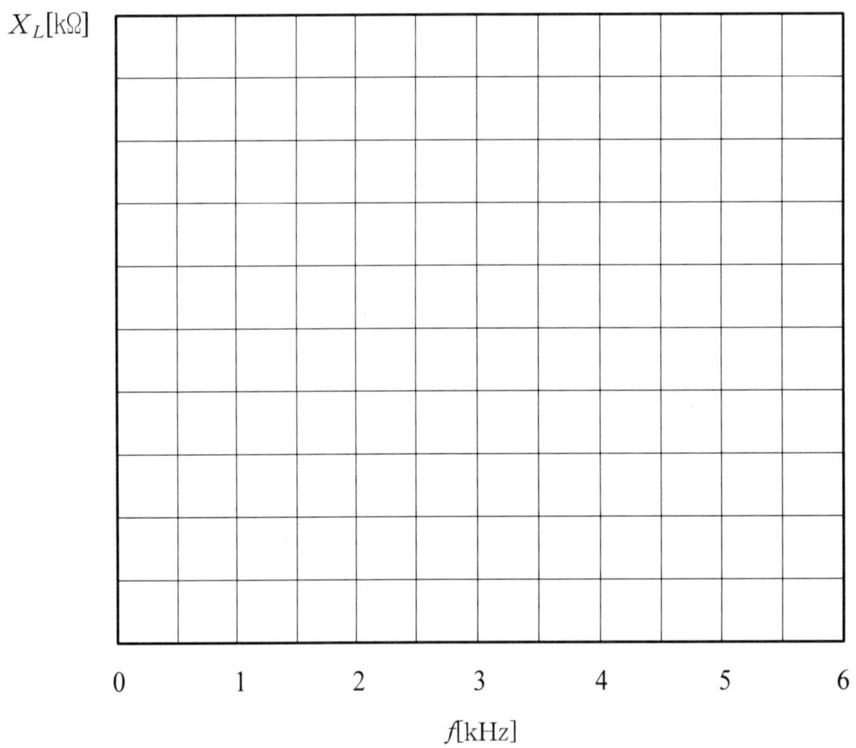

그림 20-6

(11) 그림 20-7과 같은 회로를 구성하고 $2V_{p\text{-}p}$, 500Hz의 정현파 전압을 인가하라.

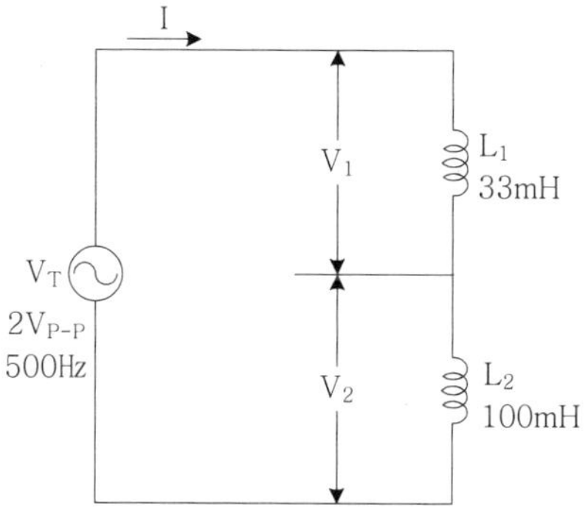

그림 20-7

(12) 디지털 멀티미터를 이용하여 인덕터 전압 V_1, V_2를 측정하라.

(13) 그림 20-7의 회로에 흐르는 전류 I를 측정하고, 각 인덕터의 유도성 리액턴스 X_{L_1}, X_{L_2}를 구하라.

$$X_{L_1} = \frac{V_1}{I}$$

$$X_{L_2} = \frac{V_2}{I}$$

(14) 실험순서 (13)의 결과를 이용하여 합성 리액턴스 X_{L_T}를 구하라.

$$X_{L_T} = X_{L_1} + X_{L_2}$$

(15) 실험순서 (14)의 결과를 이용하여 합성 인덕턴스 L_T를 구하라.

$$L_T = \frac{X_{L_T}}{2\pi f}$$

(16) $L_T = L_1 + L_2$의 식을 이용하여 합성 인덕턴스 L_T를 구하라.

(17) 실험순서 (12)에서 (16)까지의 결과를 표 20-2에 기록하라.

표 20-2

V_1	V_2	I	X_{L_1}	X_{L_2}	X_{L_T}	L_T	
						$L_T=\frac{X_{L_T}}{2\pi f}$	$L_T=L_1+L_2$

실 험 보 고 서

실험제목	실험 20. 유도성 리액턴스			
학　번	성　명	실험조	실험일자	제출일자

(6)

표 20-1

주파수	V_R	I	V_L	X_L
1kHz				
2kHz				
3kHz				
4kHz				
5kHz				
6kHz				

(8) $\theta=$ ____________°

(10)

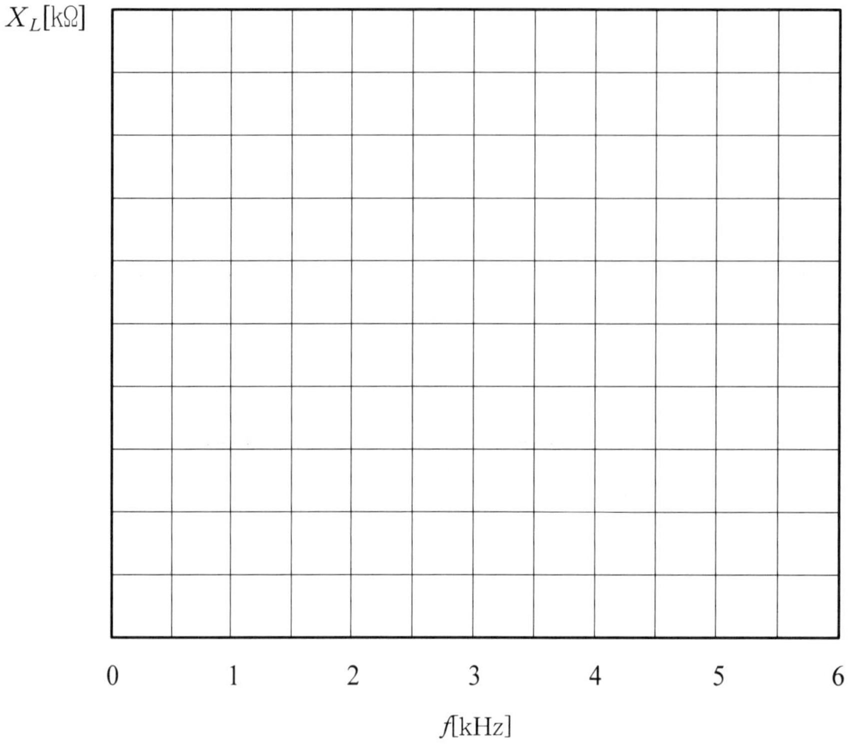

그림 20-6

(17)

표 20-2

V_1	V_2	I	X_{L_1}	X_{L_2}	X_{L_T}	L_T	
						$L_T=\frac{X_{L_T}}{2\pi f}$	$L_T=L_1+L_2$

실험 21. RC 회로

목 적

1. RC 직렬회로의 동작을 실험적으로 이해한다.
2. RC 병렬회로의 동작을 실험적으로 이해한다.
3. RC 회로의 임피던스 및 위상 관계를 살펴본다.

이 론

1. RC 직렬회로

그림 21-1 (a)와 같은 RC 직렬회로에 교류전압을 인가하면, 저항과 커패시터에 흐르는 전류는 같다. 그림 21-1 (b)는 전류 I를 기준으로 한 페이저도로, 저항 양단의 전압은 전류와 동상이고, 커패시터 전압은 전류보다 위상이 90° 뒤진다. 페이저도에서 V_T는 V_R과 V_C의 페이저 합이므로, 다음 식과 같이 나타낼 수 있다.

$$V_T = \sqrt{V_R^2 + V_C^2}$$

여기서 V_R은 저항 양단의 전압, V_C는 커패시터 전압, 그리고 V_T는 인가전압을 나타낸다.

그리고 페이저도로부터 위상각(phase angle)을 구하면

$$\theta = -\tan^{-1}\left(\frac{V_C}{V_R}\right)$$

로 주어진다.

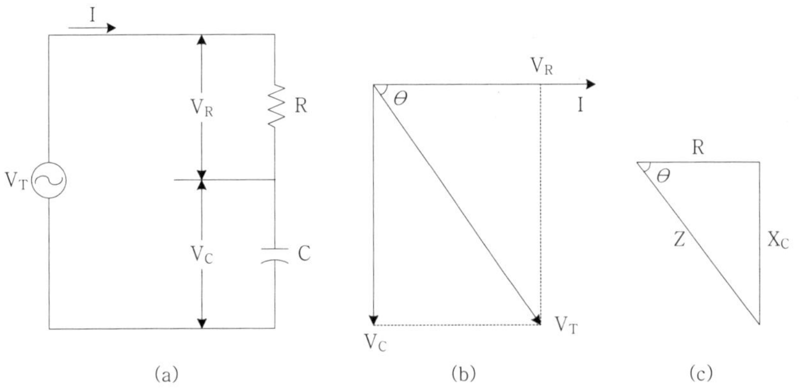

그림 21-1

또한 그림 21-1 (c)는 RC 직렬회로의 임피던스 삼각형을 나타낸 것이다. RC 직렬회로의 임피던스(impedance) Z는 저항 R과 용량성 리액턴스 X_C의 페이저 합이므로,

$$Z = \sqrt{R^2 + X_C^2}$$

로 주어진다. 그리고 위상각 θ는 다음과 같은 관계가 성립한다.

$$\theta = -\tan^{-1}\left(\frac{X_C}{R}\right)$$

한편 그림 21-1 (a)의 회로에 흐르는 전류 I와 임피던스 Z의 관계는 옴의 법칙으로부터 다음과 같이 표현된다.

$$I = \frac{V_T}{Z}$$

또한 위의 식을 이용하여 그림 21-1 (a)의 회로에서 V_R과 V_C를 구하면, 각각 다음 식과 같이 나타낼 수 있다.

$$V_R = IR = \left(\frac{R}{Z}\right)V_T$$

$$V_C = IX_C = \left(\frac{X_C}{Z}\right)V_T$$

2. RC 병렬회로

그림 21-2 (a)는 RC 병렬회로를 나타낸 것으로, 저항과 커패시터 전압은 인가전압과 같다. 그림 21-2 (b)는 인가전압 V_T를 기준으로 한 페이저도로, 커패시터에 흐르는 전류는 저항에 흐르는 전류보다 위상이 90° 앞선다. 페이저도에서 I_T는 I_R과 I_C의 페이저 합이므로, 다음 식과 같이 나타낼 수 있다.

$$I_T = \sqrt{I_R^2 + I_C^2}$$

여기서 I_R은 저항에 흐르는 전류, I_C는 커패시터에 흐르는 전류, 그리고 I_T는 전체전류를 나타낸다.

그리고 전류 페이저도로부터 위상각을 구하면

$$\theta = \tan^{-1}\left(\frac{I_C}{I_R}\right)$$

로 주어진다.

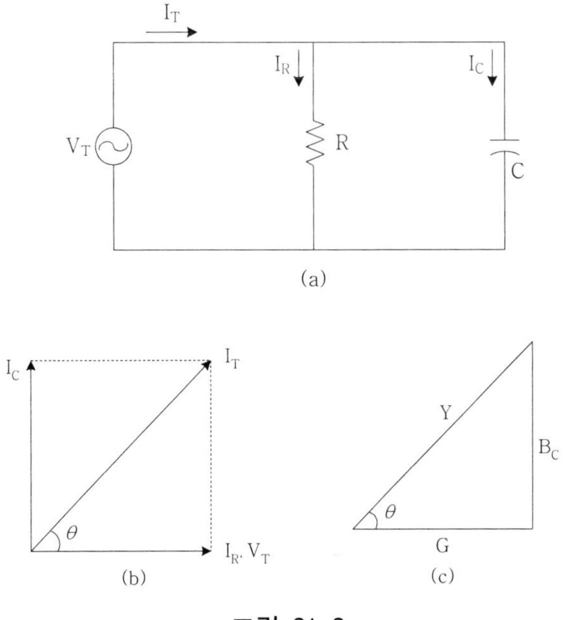

그림 21-2

또한 그림 21-2 (c)는 RC 병렬회로의 어드미턴스 삼각형을 나타낸 것이다. RC 병렬회로의 어드미턴스(admittance) Y는 컨덕턴스(conductance) G와 용량성 서셉턴스(capacitive susceptance) B_C의 페이저 합이므로,

$$Y=\sqrt{G^2+B_C^2}$$

로 주어진다. 여기서 컨덕턴스 G와 용량성 서셉턴스 B_C는 각각 다음 식으로 표현된다.

$$G=\frac{1}{R}$$

$$B_C=\frac{1}{X_C}$$

그리고 어드미턴스 삼각형으로부터 위상각 θ는 다음과 같은 관계가 성립한다.

$$\theta=\tan^{-1}\left(\frac{B_C}{G}\right)$$

한편 어드미턴스 Y는 임피던스의 역수이므로, 다음과 같이 표현된다.

$$Y=\frac{1}{Z}=\frac{I_T}{V_T}$$

또한 위의 식을 이용하여 그림 21-2 (a)의 회로에서 전류 I_R과 I_C를 구하면, 각각 다음 식과 같이 나타낼 수 있다.

$$I_R=\frac{V_T}{R}=\left(\frac{G}{Y}\right)I_T$$

$$I_C=\frac{V_T}{X_C}=\left(\frac{B_C}{Y}\right)I_T$$

실험기기 및 부품

1. 함수발생기
2. 디지털 멀티미터

3. 오실로스코프
4. 저항 10kΩ
5. 커패시터 0.1μF

실험순서

(1) 그림 21-3과 같은 RC 직렬회로를 구성하고, 5V_{p-p}, 200Hz의 정현파 전압을 인가하라.

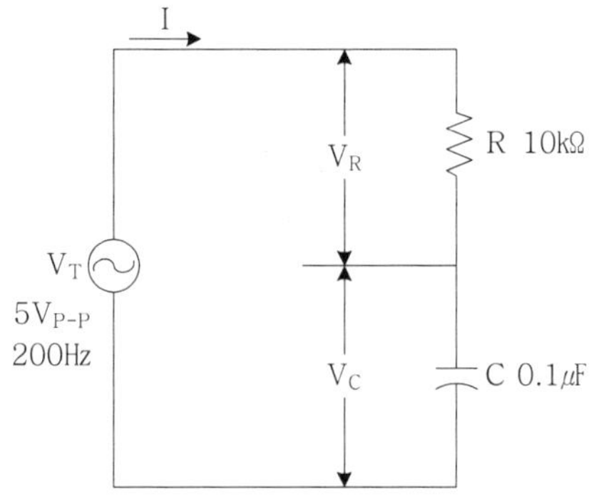

그림 21-3

(2) 그림 21-3의 회로에서 X_C, Z, I, V_R, V_C, V_T, θ를 계산하고, 그 결과를 표 21-1에 기록하라.

① 용량성 리액턴스

$$X_C = \frac{1}{2\pi fC}$$

② 임피던스

$$Z = \sqrt{R^2 + X_C^2}$$

③ 전류

$$I = \frac{V_T}{Z}$$

④ 저항 양단의 전압

$$V_R = IR$$

⑤ 커패시터 양단의 전압

$$V_C = IX_C$$

⑥ 인가전압

$$V_T = \sqrt{V_R^2 + V_C^2}$$

⑦ 위상각

$$\theta = -\tan^{-1}\left(\frac{V_C}{V_R}\right)$$

표 21-1

Quantity	이론값	측정값
X_C		
Z		
I		
V_R		
V_C		
V_T		
θ		

(3) 디지털 멀티미터를 이용하여 인가전압 V_T를 측정하라.

(4) 디지털 멀티미터를 이용하여 저항 양단의 전압 V_R을 측정하라.

(5) 위에서 측정한 전압 V_R을 이용하여 회로에 흐르는 전류 I를 구하라.

$$I = \frac{V_R}{R}$$

(6) 디지털 멀티미터를 이용하여 커패시터 전압 V_C를 측정하라.

(7) 실험순서 (5)와 (6)의 결과를 이용하여 용량성 리액턴스 X_C를 구하라.

$$X_C = \frac{V_C}{I}$$

(8) 실험순서 (3)과 (5)의 결과를 이용하여 임피던스 Z를 구하라.

$$Z = \frac{V_T}{I}$$

(9) 실험순서 (4)와 (6)의 결과를 이용하여 위상각 θ를 구하라.

$$\theta = -\tan^{-1}\left(\frac{V_C}{V_R}\right)$$

(10) 실험순서 (3)에서 (9)까지의 결과를 표 21-1에 기록하라.

(11) 그림 21-4와 같은 RC 병렬회로를 구성하고, $10V_{p-p}$, 1kHz의 정현파 전압을 인가하라.

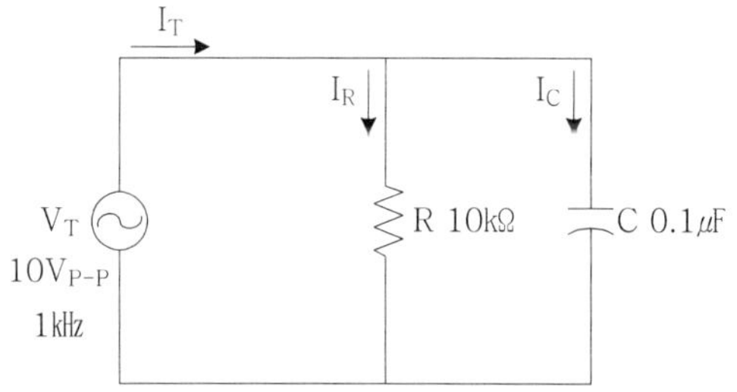

그림 21-4

(12) 그림 21-4의 회로에서 X_C, Y, I_R, I_C, I_T, θ를 계산하고, 그 결과를 표 21-2에 기록하라.

① 용량성 리액턴스

$$X_C = \frac{1}{2\pi f C}$$

② 어드미턴스

$$Y=\sqrt{G^2+B_C^2}$$

③ 저항에 흐르는 전류

$$I_R=\frac{V_T}{R}$$

④ 커패시터에 흐르는 전류

$$I_C=\frac{V_T}{X_C}$$

⑤ 전체전류

$$I_T=\sqrt{I_R^2+I_C^2}$$

⑥ 위상각

$$\theta=\tan^{-1}\left(\frac{I_C}{I_R}\right)$$

표 21-2

Quantity	이론값	측정값
X_C		
Y		
I_R		
I_C		
I_T		
θ		

(13) 디지털 멀티미터를 이용하여 인가전압 V_T를 측정하라.

(14) 디지털 멀티미터를 이용하여 저항에 흐르는 전류 I_R을 측정하라.

(15) 디지털 멀티미터를 이용하여 커패시터에 흐르는 전류 I_C를 측정하라.

(16) 디지털 멀티미터를 이용하여 회로에 흐르는 전체전류 I_T를 측정하라.

(17) 실험순서 (13)과 (15)의 결과를 이용하여 용량성 리액턴스 X_C를 구하라.

$$X_C = \frac{V_T}{I_C}$$

(18) 실험순서 (13)과 (16)의 결과를 이용하여 어드미턴스 Y를 구하라.

$$Y = \frac{I_T}{V_T}$$

(19) 실험순서 (14)와 (15)의 결과를 이용하여 위상각 θ를 구하라.

$$\theta = \tan^{-1}\left(\frac{I_C}{I_R}\right)$$

(20) 실헌순서 (14)에서 (19)끼지의 결과를 표 21-2에 기록하라.

실 험 보 고 서

실험제목	실험 21. RC 회로			
학 번	성 명	실험조	실험일자	제출일자

(2)

① 용량성 리액턴스

$$X_C = \frac{1}{2\pi fC}$$

② 임피던스

$$Z = \sqrt{R^2 + X_C^2}$$

③ 전류

$$I = \frac{V_T}{Z}$$

④ 저항 양단의 전압

$$V_R = IR$$

⑤ 커패시터 전압

$$V_C = IX_C$$

⑥ 인가전압

$$V_T = \sqrt{V_R^2 + V_C^2}$$

⑦ 위상각

$$\theta = -\tan^{-1}\left(\frac{V_C}{V_R}\right)$$

표 21-1

Quantity	이론값	측정값
X_C		
Z		
I		
V_R		
V_C		
V_T		
θ		

(12)

① 용량성 리액턴스

$$X_C = \frac{1}{2\pi fC}$$

② 어드미턴스

$$Y = \sqrt{G^2 + B_C^2}$$

③ 저항에 흐르는 전류

$$I_R = \frac{V_T}{R}$$

④ 커패시터에 흐르는 전류

$$I_C = \frac{V_T}{X_C}$$

⑤ 전체전류

$$I_T = \sqrt{I_R^2 + I_C^2}$$

⑥ 위상각

$$\theta = \tan^{-1}\left(\frac{I_C}{I_R}\right)$$

표 21-2

Quantity	이론값	측정값
X_C		
Y		
I_R		
I_C		
I_T		
θ		

실험 22. RL 회로

목 적

1. RL 직렬회로의 동작을 실험적으로 이해한다.
2. RL 병렬회로의 동작을 실험적으로 이해한다.
3. RL 회로의 임피던스 및 위상 관계를 살펴본다.

이 론

1. RL 직렬회로

그림 22-1 (a)와 같은 RL 직렬회로에 교류전압을 인가하면, 저항과 인덕터에 흐르는 전류는 같다. 그림 22-1 (b)는 전류 I를 기준으로 한 페이저도로, 저항 양단의 전압은 전류와 동상이고, 인덕터 전압은 전류보다 위상이 90° 앞선다. 페이저도에서 V_T는 V_R과 V_L의 페이저 합이므로, 다음 식과 같이 나타낼 수 있다.

$$V_T = \sqrt{V_R^2 + V_L^2}$$

여기서 V_R은 저항 양단의 전압, V_L은 인덕터 전압, 그리고 V_T는 인가전압을 나타낸다.

그리고 페이저도로부터 위상각을 구하면

$$\theta = \tan^{-1}\left(\frac{V_L}{V_R}\right)$$

로 주어진다.

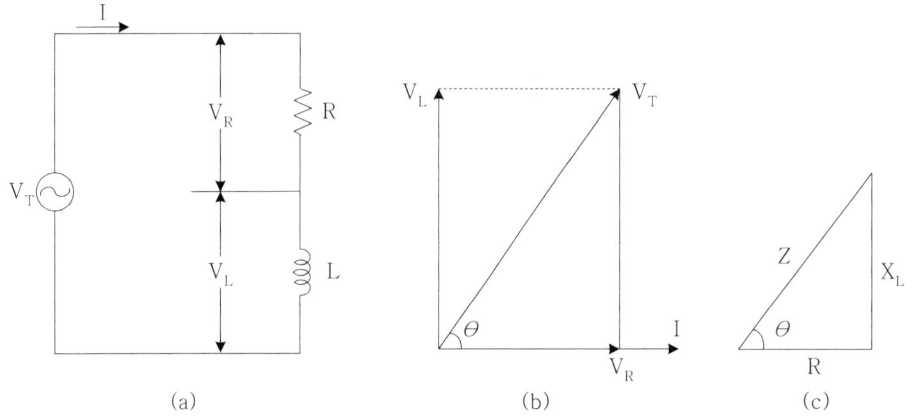

그림 22-1

또한 그림 22-1 (c)는 RL 직렬회로의 임피던스 삼각형을 나타낸 것이다. RL 직렬회로의 임피던스 Z는 저항 R과 유도성 리액턴스 X_L의 페이저 합이므로,

$$Z=\sqrt{R^2+X_L^2}$$

로 주어진다. 그리고 위상각 θ는 다음과 같은 관계가 성립한다.

$$\theta=\tan^{-1}\left(\frac{X_L}{R}\right)$$

옴의 법칙을 이용하여 그림 22-1 (a)의 회로에서 V_R과 V_L을 구하면, 각각 다음 식과 같이 나타낼 수 있다.

$$V_R=IR=\left(\frac{R}{Z}\right)V_T$$

$$V_L=IX_L=\left(\frac{X_L}{Z}\right)V_T$$

2. RL 병렬회로

그림 22-2 (a)는 RL 병렬회로를 나타낸 것으로, 저항과 인덕터 전압은 인가전압과 같다. 그림 22-2 (b)는 인가전압 V_T를 기준으로 한 페이저도로, 인덕터에 흐르는 전류는

저항에 흐르는 전류보다 위상이 90° 뒤진다. 페이저도에서 I_T는 I_R과 I_L의 페이저 합이므로, 다음 식과 같이 나타낼 수 있다.

$$I_T = \sqrt{I_R^2 + I_L^2}$$

여기서 I_R은 저항에 흐르는 전류, I_L은 인덕터에 흐르는 전류, 그리고 I_T는 전체전류를 나타낸다.

그리고 전류 페이저도로부터 위상각을 구하면

$$\theta = -\tan^{-1}\left(\frac{I_L}{I_R}\right)$$

로 주어진다.

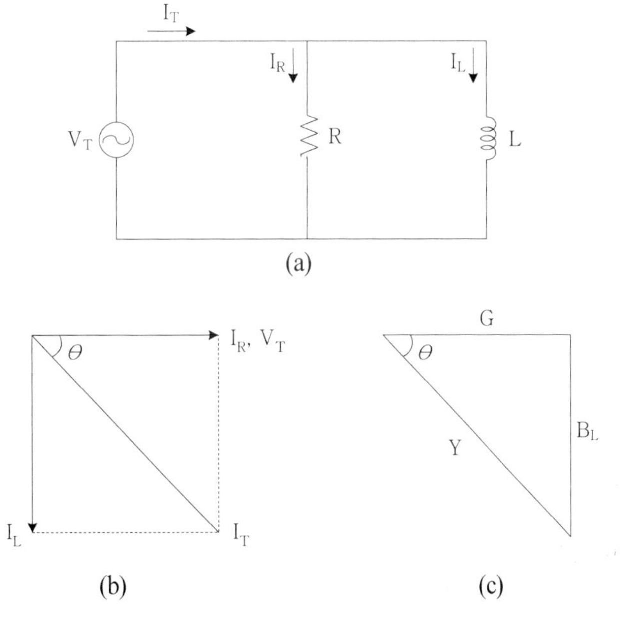

그림 22-2

또한 그림 22-2 (c)는 RL 병렬회로의 어드미턴스 삼각형을 나타낸 것이다. RL 병렬회로의 어드미턴스 Y는 컨덕턴스 G와 유도성 서셉턴스(inductive susceptance) B_L의 페이저 합이므로,

$$Y=\sqrt{G^2+B_L^2}$$

로 주어진다. 여기서 컨덕턴스 G와 유도성 서셉턴스 B_L은 각각 다음 식으로 표현된다.

$$G=\frac{1}{R}$$

$$B_L=\frac{1}{X_L}$$

그리고 어드미턴스 삼각형으로부터 위상각 θ는 다음과 같은 관계가 성립한다.

$$\theta=-\tan^{-1}\left(\frac{B_L}{G}\right)$$

한편 어드미턴스 Y는 임피던스의 역수이므로, 다음과 같이 표현된다.

$$Y=\frac{1}{Z}=\frac{I_T}{V_T}$$

또한 위의 식을 이용하여 그림 22-2 (a)의 회로에서 전류 I_R과 I_L을 구하면, 각각 다음 식과 같이 나타낼 수 있다.

$$I_R=\frac{V_T}{R}=\left(\frac{G}{Y}\right)I_T$$

$$I_L=\frac{V_T}{X_L}=\left(\frac{B_L}{Y}\right)I_T$$

실험기기 및 부품

1. 함수발생기
2. 디지털 멀티미터
3. 오실로스코프
4. 저항 1kΩ
5. 인덕터 33mH, 100mH

실험순서

(1) 그림 22-3과 같은 RL 직렬회로를 구성하고, $4V_{p-p}$, 1kHz의 정현파 전압을 인가하라.

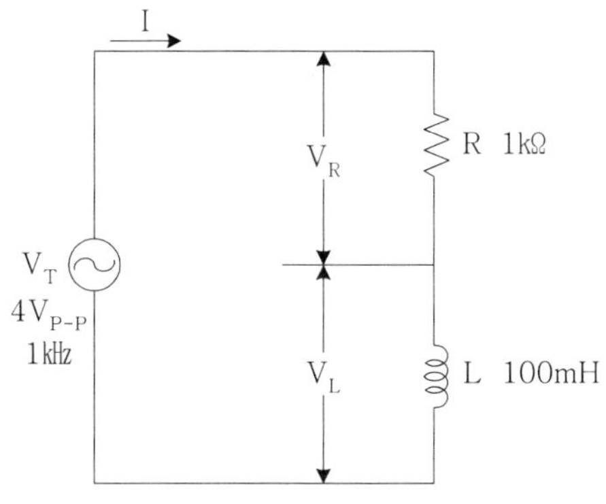

그림 22-3

(2) 그림 22-3의 회로에서 X_L, Z, I, V_R, V_L, V_T, θ를 계산하고, 그 결과를 표 22-1에 기록하라.

① 유도성 리액턴스

$$X_L = 2\pi fL$$

② 임피던스

$$Z = \sqrt{R^2 + X_L^2}$$

③ 전류

$$I = \frac{V_T}{Z}$$

④ 저항 양단의 전압

$$V_R = IR$$

⑤ 인덕터 전압

$$V_L = IX_L$$

⑥ 인가전압

$$V_T = \sqrt{V_R^2 + V_L^2}$$

⑦ 위상각

$$\theta = \tan^{-1}\left(\frac{V_L}{V_R}\right)$$

표 22-1

Quantity	이론값	측정값
X_L		
Z		
I		
V_R		
V_L		
V_T		
θ		

(3) 디지털 멀티미터를 이용하여 인가전압 V_T를 측정하라.

(4) 디지털 멀티미터를 이용하여 저항 양단의 전압 V_R을 측정하라.

(5) 위에서 측정한 전압 V_R을 이용하여 회로에 흐르는 전류 I를 구하라.

$$I = \frac{V_R}{R}$$

(6) 디지털 멀티미터를 이용하여 인덕터 양단의 전압 V_L을 측정하라.

(7) 실험순서 (5)와 (6)의 결과를 이용하여 유도성 리액턴스 X_L을 구하라.

$$X_L = \frac{V_L}{I}$$

(8) 실험순서 (3)과 (5)의 결과를 이용하여 임피던스 Z를 구하라.

$$Z = \frac{V_T}{I}$$

(9) 실험순서 (4)와 (6)의 결과를 이용하여 위상각 θ를 구하라.

$$\theta = \tan^{-1}\left(\frac{V_L}{V_R}\right)$$

(10) 실험순서 (3)에서 (9)까지의 결과를 표 22-1에 기록하라.

(11) 그림 22-4와 같은 RL 병렬회로를 구성하고, 4V_{p-p}, 3kHz의 정현파 전압을 인가하라.

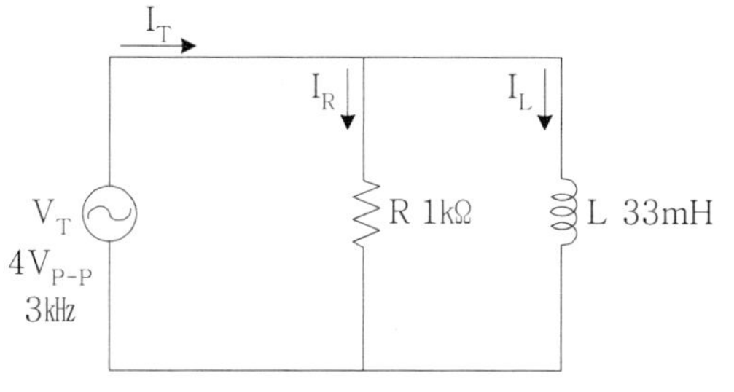

그림 22-4

(12) 그림 22-4의 회로에서 X_L, Y, I_R, I_L, I_T, θ를 계산하고, 그 결과를 표 22-2에 기록하라.

① 유도성 리액턴스

$$X_L = 2\pi f L$$

② 어드미턴스

$$Y = \sqrt{G^2 + B_L^2}$$

③ 저항에 흐르는 전류

$$I_R = \frac{V_T}{R}$$

④ 인덕터에 흐르는 전류

$$I_L = \frac{V_T}{X_L}$$

⑤ 전체전류

$$I_T = \sqrt{I_R^2 + I_L^2}$$

⑥ 위상각

$$\theta = -\tan^{-1}\left(\frac{I_L}{I_R}\right)$$

표 22-2

Quantity	이론값	측정값
X_L		
Y		
I_R		
I_L		
I_T		
θ		

(13) 디지털 멀티미터를 이용하여 인가전압 V_T를 측정하라.

(14) 디지털 멀티미터를 이용하여 저항에 흐르는 전류 I_R을 측정하라.

(15) 디지털 멀티미터를 이용하여 인덕터에 흐르는 전류 I_L을 측정하라.

(16) 디지털 멀티미터를 이용하여 회로에 흐르는 전체전류 I_T를 측정하라.

(17) 실험순서 (13)과 (15)의 결과를 이용하여 유도성 리액턴스 X_L을 구하라.

$$X_L = \frac{V_T}{I_L}$$

(18) 실험순서 (13)과 (16)의 결과를 이용하여 어드미턴스 Y를 구하라.

$$Y=\frac{I_T}{V_T}$$

(19) 실험순서 (14)와 (15)의 결과를 이용하여 위상각 θ를 구하라.

$$\theta=-\tan^{-1}\left(\frac{I_L}{I_R}\right)$$

(20) 실험순서 (14)에서 (19)까지의 결과를 표 22-2에 기록하라.

실 험 보 고 서

실험제목	실험 22. RL 회로			
학　　번	성　　명	실험조	실험일자	제출일자

(2)

① 유도성 리액턴스

$$X_L = 2\pi f L$$

② 임피던스

$$Z = \sqrt{R^2 + X_L^2}$$

③ 전류

$$I = \frac{V_T}{Z}$$

④ 저항 양단의 전압

$$V_R = IR$$

⑤ 인덕터 전압

$$V_L = IX_L$$

⑥ 인가전압

$$V_T = \sqrt{V_R^2 + V_L^2}$$

⑦ 위상각

$$\theta = \tan^{-1}\left(\frac{V_L}{V_R}\right)$$

표 22-1

Quantity	이론값	측정값
X_L		
Z		
I		
V_R		
V_L		
V_T		
θ		

(12)

① 유도성 리액턴스

$$X_L = 2\pi fL$$

② 어드미턴스

$$Y = \sqrt{G^2 + B_L^2}$$

③ 저항에 흐르는 전류

$$I_R = \frac{V_T}{R}$$

④ 인덕터에 흐르는 전류

$$I_L = \frac{V_T}{X_L}$$

⑤ 전체전류

$$I_T = \sqrt{I_R^2 + I_L^2}$$

⑥ 위상각

$$\theta = -\tan^{-1}\left(\frac{I_L}{I_R}\right)$$

표 22-2

Quantity	이론값	측정값
X_L		
Y		
I_R		
I_L		
I_T		
θ		

실험 23. RLC 직렬회로

목 적

1. RLC 직렬회로의 동작을 실험적으로 이해한다.
2. RLC 직렬회로의 임피던스 및 위상 관계를 살펴본다.

이 론

그림 23-1 (a)와 같은 RLC 직렬회로의 임피던스 및 위상관계를 살펴보기로 한다. 그림 23-1 (b)는 $X_L > X_C$일 때 전류 I를 기준으로 한 전압페이저도를 나타낸 것이다. 페이저도에서 알 수 있는 바와 같이 V_R은 I와 동상이고, V_L은 I보다 90° 앞선다. 또한 V_C는 I보다 90° 뒤지고, V_L은 V_C보다 위상이 180° 앞선다.

RLC 직렬회로에서 $X_L > X_C$일 때 회로는 유도성이고, 이 경우 V_L은 V_C보다 크다. 페이저도에서 V_T는 V_R과 V_X의 페이저 합이므로, 다음 식과 같이 나타낼 수 있다.

$$V_T = \sqrt{V_R^2 + (V_L - V_C)^2}$$

$$= \sqrt{V_R^2 + V_X^2}$$

여기서 V_R은 저항 양단의 전압, V_X는 전체 리액턴스 전압으로 $V_L - V_C$, 그리고 V_T는 인가전압을 나타낸다.

그리고 페이저도로부터 위상각을 구하면

$$\theta = \tan^{-1}\left(\frac{V_L - V_C}{V_R}\right)$$

$$= \tan^{-1}\left(\frac{V_X}{V_R}\right)$$

로 주어진다.

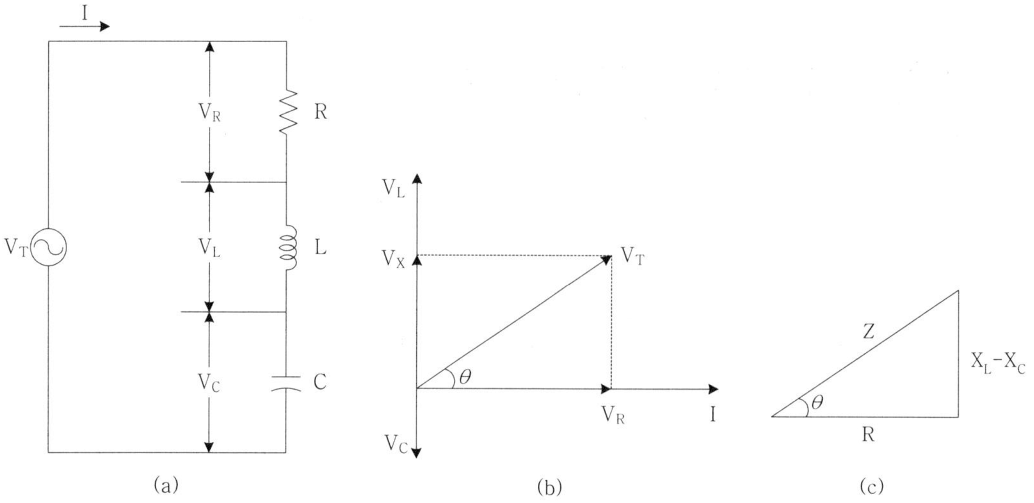

그림 23-1

또한 그림 23-1 (c)는 $X_L > X_C$일 때 RLC 직렬회로의 임피던스 삼각형을 나타낸 것이다. RLC 직렬회로의 임피던스 Z는 저항 R과 전체 리액턴스 $X_L - X_C$의 페이저 합이므로,

$$Z = \sqrt{R^2 + (X_L - X_C)^2}$$

으로 주어진다.

그리고 임피던스 삼각형으로부터 위상각 θ는 다음과 같은 관계가 성립한다.

$$\theta = \tan^{-1}\left(\frac{X_L - X_C}{R}\right)$$

다음으로 그림 23-1 (a)의 RLC 직렬회로에서 $X_L < X_C$인 경우에 대해 살펴보기로 한다. 그림 23-2 (a)는 $X_L < X_C$일 때 전류 I를 기준으로 한 전압 페이저도를 나타낸 것이다.

RLC 직렬회로에서 $X_L < X_C$일 때 회로는 용량성이고, 이 경우 V_C는 V_L보다 크다. 전체 리액턴스 전압 V_X는 $V_C - V_L$이므로, 인가전압 V_T와 위상각 θ는 각각 다음 식으로 주어진다.

$$V_T = \sqrt{V_R^2 + (V_C - V_L)^2}$$
$$= \sqrt{V_R^2 + V_X^2}$$

$$\theta = -\tan^{-1}\left(\frac{V_C - V_L}{V_R}\right)$$
$$= -\tan^{-1}\left(\frac{V_X}{V_R}\right)$$

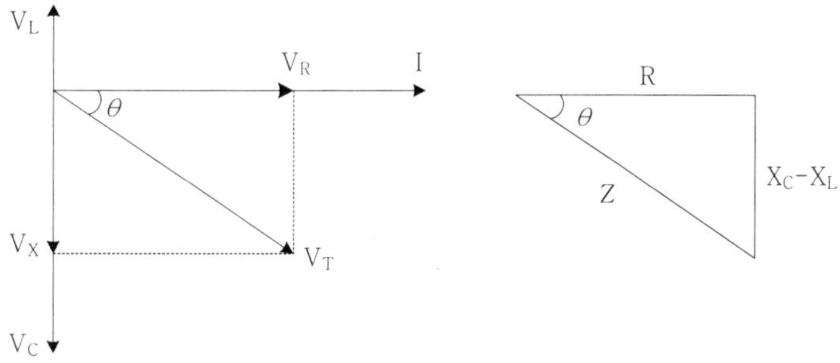

(a) (b)

그림 23-2

또한 그림 23-2 (b)는 $X_L < X_C$일 때 RLC 직렬회로의 임피던스 삼각형을 나타낸 것이다. 임피던스 삼각형으로부터 임피던스 Z와 위상각 θ는 각각 다음 식으로 표현된다.

$$Z = \sqrt{R^2 + (X_C - X_L)^2}$$

$$\theta = -\tan^{-1}\left(\frac{X_C - X_L}{R}\right)$$

실험기기 및 부품

1. 함수발생기
2. 디지털 멀티미터
3. 오실로스코프
4. 저항 1kΩ

5. 인덕터 33mH
6. 커패시터 0.01μF

실험순서

(1) 그림 23-3과 같은 RLC 직렬회로를 구성하고, $10V_{p-p}$, 4kHz의 정현파 전압을 인가하라.

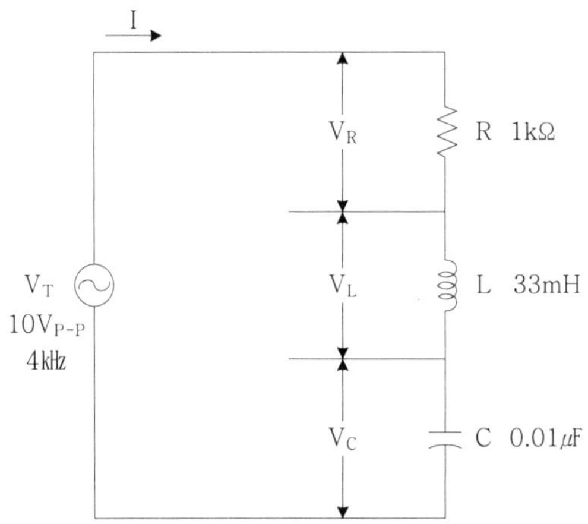

그림 23-3

(2) 그림 23-3의 회로에서 X_L, X_C, Z, I, V_R, V_L, V_C, V_X, V_T, θ를 계산하고, 그 결과를 표 23-1에 기록하라.

① 유도성 리액턴스

$$X_L = 2\pi fL$$

② 용량성 리액턴스

$$X_C = \frac{1}{2\pi fC}$$

③ 임피던스

$$Z = \sqrt{R^2 + (X_C - X_L)^2}$$

④ 전류

$$I = \frac{V_T}{Z}$$

⑤ 저항 양단의 전압

$$V_R = IR$$

⑥ 인덕터 전압

$$V_L = IX_L$$

⑦ 커패시터 전압

$$V_C = IX_C$$

⑧ 전체 리액턴스 전압

$$V_X = V_C - V_L$$

⑨ 인가전압

$$V_T = \sqrt{V_R^2 + V_X^2}$$

⑩ 위상각

$$\theta = -\tan^{-1}\left(\frac{V_X}{V_R}\right)$$

표 23-1

Quantity	이론값	측정값
X_L		
X_C		
Z		
I		
V_R		
V_L		
V_C		
V_X		
V_T		
θ		

(3) 디지털 멀티미터를 이용하여 인가전압 V_T를 측정하라.

(4) 디지털 멀티미터를 이용하여 저항 양단의 전압 V_R을 측정하라.

(5) 디지털 멀티미터를 이용하여 인덕터 전압 V_L을 측정하라.

(6) 디지털 멀티미터를 이용하여 커패시터 전압 V_C를 측정하라.

(7) 실험순서 (4)의 결과를 이용하여 회로에 흐르는 전류 I를 구하라.

$$I = \frac{V_R}{R}$$

(8) 실험순서 (5)와 (6)의 결과를 이용하여 전체 리액턴스 전압 V_X를 구하라.

$$V_X = V_C - V_L$$

(9) 실험순서 (5)와 (7)의 결과를 이용하여 유도성 리액턴스 X_L을 구하라.

$$X_L = \frac{V_L}{I}$$

(10) 실험순서 (6)과 (7)의 결과를 이용하여 용량성 리액턴스 X_C를 구하라.

$$X_C = \frac{V_C}{I}$$

(11) 실험순서 (3)과 (7)의 결과를 이용하여 임피던스 Z를 구하라.

$$Z = \frac{V_T}{I}$$

(12) 실험순서 (4)와 (8)의 결과를 이용하여 위상각 θ를 구하라.

$$\theta = -\tan^{-1}\left(\frac{V_X}{V_R}\right)$$

(13) 실험순서 (3)에서 (12)까지의 결과를 표 23-1에 기록하라.

실 험 보 고 서

실험제목	실험 23. RLC 직렬회로			
학　번	성　명	실험조	실험일자	제출일자

(2)

① 유도성 리액턴스

$$X_L = 2\pi fL$$

② 용량성 리액턴스

$$X_C = \frac{1}{2\pi fC}$$

③ 임피던스

$$Z = \sqrt{R^2 + (X_C - X_L)^2}$$

④ 전류

$$I = \frac{V_T}{Z}$$

⑤ 저항 양단의 전압

$$V_R = IR$$

⑥ 인덕터 전압

$$V_L = IX_L$$

⑦ 커패시터 전압

$$V_C = IX_C$$

⑧ 전체 리액턴스 전압

$$V_X = V_C - V_L$$

⑨ 인가전압

$$V_T = \sqrt{V_R^2 + V_X^2}$$

⑩ 위상각

$$\theta = -\tan^{-1}\left(\frac{V_X}{V_R}\right)$$

표 23-1

Quantity	이론값	측정값
X_L		
X_C		
Z		
I		
V_R		
V_L		
V_C		
V_X		
V_T		
θ		

실험 24. RLC 병렬회로

목 적

1. RLC 병렬회로의 동작을 실험적으로 이해한다.
2. RLC 병렬회로의 어드미턴스 및 위상 관계를 살펴본다.

이 론

그림 24-1 (a)와 같은 RLC 병렬회로의 어드미턴스 및 위상관계를 살펴보기로 한다. 여기서 $B_L > B_C$일 때 인가전압 V_T를 기준으로 한 전류 페이저도는 그림 24-1 (b)에서와 같다. 페이저도에서 알 수 있는 바와 같이 I_R은 V_T와 동상이고, I_C는 V_T보다 90° 앞선다. 또한 I_L은 V_T보다 90° 뒤지고, I_C는 I_L보다 위상이 180° 앞선다.

RLC 병렬회로에서 $B_L > B_C$ 즉, $I_L > I_C$이면 유도성이라 하고, $B_L < B_C$ 즉, $I_L < I_C$이면 용량성이라 한다. 그림 24-1 (b)의 페이저도에서 I_L은 I_C보다 크다. 또한 I_T는 I_R과 I_X의 페이저 합이므로, 다음 식과 같이 나타낼 수 있다.

$$I_T = \sqrt{I_R^2 + (I_L - I_C)^2}$$

$$= \sqrt{I_R^2 + I_X^2}$$

여기서 I_R은 저항에 흐르는 전류, I_X는 전체 리액턴스 전류로 $I_L - I_C$, 그리고 I_T는 전체전류를 나타낸다. 그리고 전류 페이저도로부터 위상각을 구하면

$$\theta = -\tan^{-1}\left(\frac{I_L - I_C}{I_R}\right)$$

$$= -\tan^{-1}\left(\frac{I_X}{I_R}\right)$$

로 주어진다.

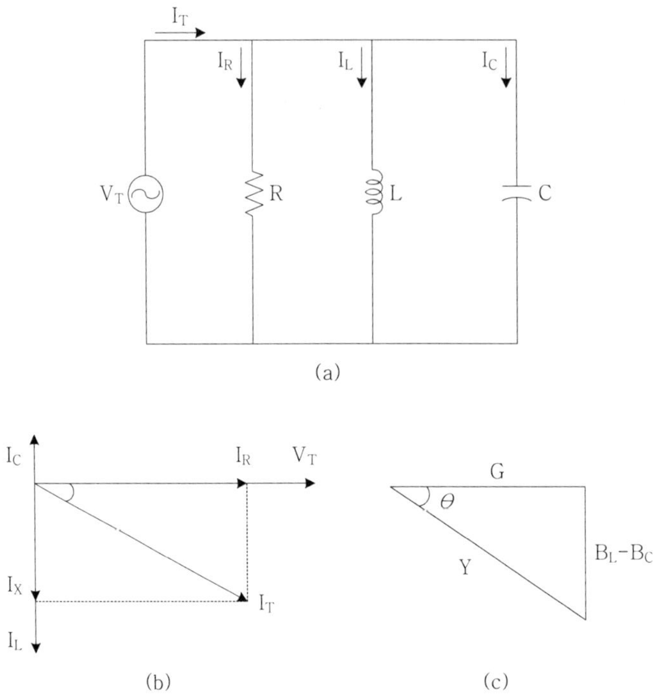

그림 24-1

또한 그림 24-1 (c)는 $B_L > B_C$일 때 RLC 병렬회로의 어드미턴스 삼각형을 나타낸 것이다. RLC 병렬회로의 어드미턴스 Y는 컨덕턴스 G와 전체 서셉턴스 $B_L - B_C$의 페이저 합이므로,

$$Y = \sqrt{G^2 + (B_L - B_C)^2}$$

으로 주어진다.

그리고 어드미턴스 삼각형으로부터 위상각 θ는 다음과 같은 관계가 성립한다.

$$\theta = -\tan^{-1}\left(\frac{B_L - B_C}{G}\right)$$

한편 $B_L < B_C$일 때 인가전압 V_T를 기준으로 한 전류 페이저도는 그림 24-2 (a)와 같다. 페이저도에서 알 수 있는 바와 같이 I_R은 V_T와 동상이고, I_C는 I_L보다 크다. 이 때 전체 리액턴스 전류 I_X는 $I_C - I_L$이므로, 전체전류 I_T와 위상각 θ는 각각 다음

식으로 주어진다.

$$I_T = \sqrt{I_R^2 + (I_C - I_L)^2}$$
$$= \sqrt{I_R^2 + I_X^2}$$

$$\theta = \tan^{-1}\left(\frac{I_C - I_L}{I_R}\right)$$
$$= \tan^{-1}\left(\frac{I_X}{I_R}\right)$$

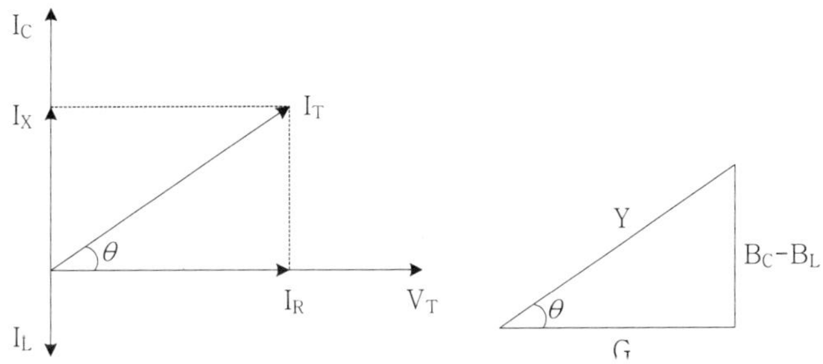

그림 24-2

또한 그림 24-2 (b)는 $B_L < B_C$일 때 RLC 병렬회로의 어드미턴스 삼각형을 나타낸 것이다. 어드미턴스 삼각형으로부터 어드미턴스 Y와 위상각 θ는 각각 다음 식으로 표현된다.

$$Y = \sqrt{G^2 + (B_C - B_L)^2}$$

$$\theta = \tan^{-1}\left(\frac{B_C - B_L}{G}\right)$$

실험기기 및 부품

1. 함수발생기
2. 디지털 멀티미터
3. 오실로스코프
4. 저항 1kΩ

5. 인덕터 100mH
6. 커패시터 0.01㎌

실험순서

(1) 그림 24-3과 같은 RLC 병렬회로를 구성하고, 10V_{p-p}, 2kHz의 정현파 전압을 인가하라.

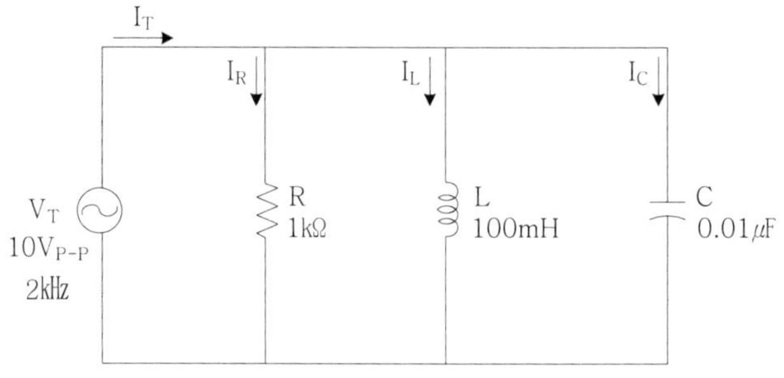

그림 24-3

(2) 그림 24-3의 회로에서 X_L, X_C, Y, I_R, I_L, I_C, I_X, I_T, θ를 계산하고, 그 결과를 표 24-1에 기록하라.

① 유도성 리액턴스

$$X_L = 2\pi fL$$

② 용량성 리액턴스

$$X_C = \frac{1}{2\pi fC}$$

③ 어드미턴스

$$Y = \sqrt{G^2 + (B_L - B_C)^2}$$

④ 저항에 흐르는 전류

$$I_R = \frac{V_T}{R}$$

⑤ 인덕터에 흐르는 전류

$$I_L = \frac{V_T}{X_L}$$

⑥ 커패시터에 흐르는 전류

$$I_C = \frac{V_T}{X_C}$$

⑦ 전체 리액턴스 전류

$$I_X = I_L - I_C$$

⑧ 전체전류

$$I_T = \sqrt{I_R^2 + I_X^2}$$

⑨ 위상각

$$\theta = -\tan^{-1}\left(\frac{I_X}{I_R}\right)$$

표 24-1

Quantity	이론값	측정값
X_L		
X_C		
Y		
I_R		
I_L		
I_C		
I_X		
I_T		
θ		

(3) 디지털 멀티미터를 이용하여 인가전압 V_T를 측정하라.

(4) 디지털 멀티미터를 이용하여 저항에 흐르는 전류 I_R을 측정하라.

(5) 디지털 멀티미터를 이용하여 인덕터에 흐르는 전류 I_L을 측정하라.

(6) 디지털 멀티미터를 이용하여 커패시터에 흐르는 전류 I_C를 측정하라.

(7) 디지털 멀티미터를 이용하여 회로의 전체전류 I_T를 측정하라.

(8) 실험순서 (5)와 (6)의 결과를 이용하여 전체 리액턴스 전류 I_X를 구하라.

$$I_X = I_L - I_C$$

(9) 실험순서 (3)과 (5)의 결과를 이용하여 유도성 리액턴스 X_L을 구하라.

$$X_L = \frac{V_T}{I_L}$$

(10) 실험순서 (3)과 (6)의 결과를 이용하여 용량성 리액턴스 X_C를 구하라.

$$X_C = \frac{V_T}{I_C}$$

(11) 실험순서 (3)과 (7)의 결과를 이용하여 어드미턴스 Y를 구하라.

$$Y = \frac{I_T}{V_T}$$

(12) 실험순서 (4)와 (8)의 결과를 이용하여 위상각 θ를 구하라.

$$\theta = -\tan^{-1}\left(\frac{I_X}{I_R}\right)$$

(13) 실험순서 (4)에서 (12)까지의 결과를 표 24-1에 기록하라.

실 험 보 고 서

실험제목	실험 24. RLC 병렬회로			
학　　번	성　　명	실험조	실험일자	제출일자

(2)

① 유도성 리액턴스

$$X_L = 2\pi fL$$

② 용량성 리액턴스

$$X_C = \frac{1}{2\pi fC}$$

③ 어드미턴스

$$Y = \sqrt{G^2 + (B_L - B_C)^2}$$

④ 저항에 흐르는 전류

$$I_R = \frac{V_T}{R}$$

⑤ 인덕터에 흐르는 전류

$$I_L = \frac{V_T}{X_L}$$

⑥ 커패시터에 흐르는 전류

$$I_C = \frac{V_T}{X_C}$$

⑦ 전체 리액턴스 전류

$$I_X = I_L - I_C$$

⑧ 전체전류

$$I_T = \sqrt{I_R^2 + I_X^2}$$

⑨ 위상각

$$\theta = -\tan^{-1}\left(\frac{I_X}{I_R}\right)$$

표 24-1

Quantity	이론값	측정값
X_L		
X_C		
Y		
I_R		
I_L		
I_C		
I_X		
I_T		
θ		

실험 25. 직렬공진회로

목 적

1. RLC 직렬공진회로의 동작을 실험적으로 이해한다.
2. 공진주파수, 선택도, 대역폭에 대해 살펴본다.
3. 직렬공진회로의 주파수 특성을 이해한다.

이 론

그림 25-1 (a)와 같은 RLC 직렬회로에서 $X_L > X_C$일 때 회로의 임피던스 Z는 다음 식으로 표현되고, 이 값은 주파수에 따라 변화한다.

$$Z = \sqrt{R^2 + (X_L - X_C)^2}$$

유도성 리액턴스는 주파수가 증가함에 따라 증가하지만, 용량성 리액턴스는 주파수가 증가함에 따라 감소한다. 따라서 그림 25-1 (b)에서와 같이 유도성 리액턴스와 용량성 리액턴스가 같게 되는 즉, $X_L = X_C$인 주파수가 존재한다.

이 때의 주파수를 공진주파수(resonant frequency)라 하고, 그 회로를 공진회로라 한다. 공진회로는 라디오나 TV 등의 동조회로에 사용된다.

$X_L = X_C$의 공진조건으로부터 공진주파수 f_r을 구하면 다음과 같다.

$$2\pi fL = \frac{1}{2\pi fC}$$

$$f_r = \frac{1}{2\pi\sqrt{LC}}$$

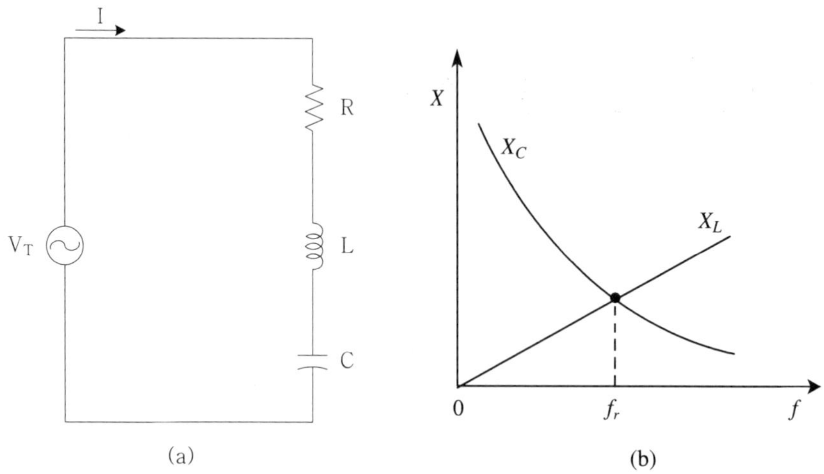

그림 25-1

이 공진주파수에서는 전체 리액턴스가 0이므로, 회로의 임피던스는 저항과 같게 된다. 즉, 공진주파수에서 회로는 저항성으로 되어

$$Z = R$$

로 주어지고, 회로의 임피던스는 최소로 된다. 따라서 인가전압이 일정하면, 공진주파수에서 회로의 전류는 최대로 된다.

그림 25-2는 직렬공진회로의 주파수 응답특성을 나타낸 것이다. 여기서 f_r은 공진주파수, f_1과 f_2는 반전력 주파수(half-power frequency) 또는 차단주파수(cutoff frequency)라고 한다. 그리고 f_1을 하위 반전력 주파수, f_2를 상위 반전력 주파수라 한다. 반전력 주파수에서는 전류가 최대값의 0.707배로 되거나, 회로의 전력이 최대값의 50%로 감소한다.

공진주파수 f_r과 반전력 주파수 f_1, f_2 사이에는 다음과 같은 관계가 성립한다.

$$f_r = \sqrt{f_1 f_2}$$

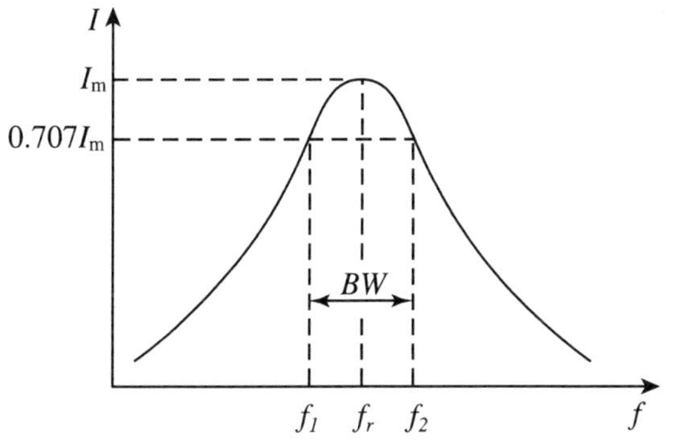

그림 25-2

또한 반전력 주파수 사이의 주파수 차를 대역폭(bandwidth) BW라 하고, 다음 식으로 정의한다.

$$BW = f_2 - f_1$$

공진주파수 f_r과 대역폭 BW를 이용하여 반전력 주파수 f_1과 f_2를 나타내면 각각 다음과 같다.

$$f_1 = f_r - \frac{BW}{2}$$

$$f_2 = f_r + \frac{BW}{2}$$

그리고 대역폭은 선택도(quality factor) Q와 관계가 있고, 다음과 같이 나타낼 수 있다.

$$BW = \frac{f_r}{Q}$$

공진주파수에서 직렬 저항에 대한 리액턴스의 비가 증가하면, 선택도 Q가 증가하고 공진효과는 더욱 예리하게 된다. RLC 직렬공진회로에서 선택도 Q는 다음과 같다.

$$Q = \frac{X_L}{R}$$

$$= \frac{1}{R}\sqrt{L/C}$$

따라서 저항이 작을수록 또는 X_L이나 L/C가 클수록 선택도 Q가 증가한다.

실험기기 및 부품

1. 함수발생기
2. 디지털 멀티미터
3. 오실로스코프
4. 저항 1kΩ
5. 인덕터 100mH
6. 커패시터 0.1㎌

실험순서

(1) 그림 25-3과 같은 RLC 직렬공진회로를 구성하라.

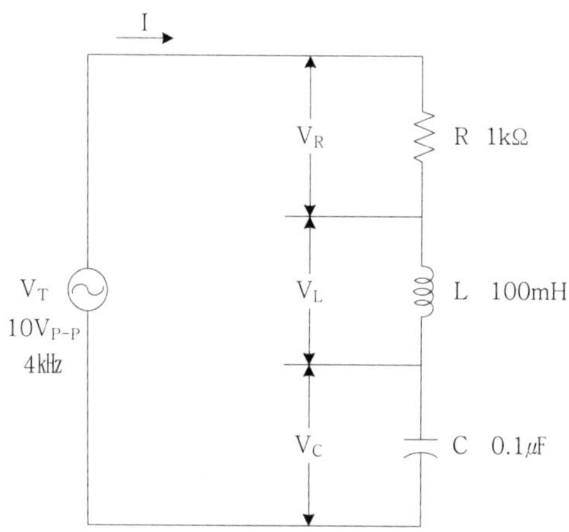

그림 25-3

(2) 그림 25-3의 회로에서 공진시 f_r, X_L, X_C, Z, I, V_R, V_L, V_C, V_X, V_T, θ, Q, BW, f_1, f_2를 계산하고, 표 25-1에 기록하라.

① 공진주파수

$$f_r = \frac{1}{2\pi\sqrt{LC}}$$

② 유도성 리액턴스

$$X_L = 2\pi fL$$

③ 용량성 리액턴스

$$X_C = \frac{1}{2\pi fC}$$

④ 임피던스

$$Z = \sqrt{R^2 + (X_C - X_L)^2}$$

⑤ 전류

$$I = \frac{V_T}{Z}$$

⑥ 저항 양단의 전압

$$V_R = IR$$

⑦ 인덕터 전압

$$V_L = IX_L$$

⑧ 커패시터 전압

$$V_C = IX_C$$

⑨ 전체 리액턴스 전압

$$V_X = V_C - V_L$$

⑩ 인가전압

$$V_T = \sqrt{V_R^2 + V_X^2}$$

⑪ 위상각

$$\theta = -\tan^{-1}\left(\frac{V_X}{V_R}\right)$$

⑫ 선택도

$$Q = \frac{X_L}{R}$$

⑬ 대역폭

$$BW = \frac{f_r}{Q}$$

⑭ 하위 반전력 주파수

$$f_1 = f_r - \frac{BW}{2}$$

⑮ 상위 반전력 주파수

$$f_2 = f_r + \frac{BW}{2}$$

표 25-1

Quantity	이론값	측정값
f_r		
X_L		
X_C		
Z		
I		
V_R		
V_L		
V_C		
V_X		
V_T		
θ		
Q		
BW		
f_1		
f_2		

(3) 위에서 계산한 공진주파수 근처에서 함수발생기의 주파수를 조정하면서, 오실로스코프로 저항 양단의 전압파형을 관찰하라.

(4) 저항 양단의 전압이 최대로 될 때 함수발생기의 주파수를 읽고, 그 값을 표 25-1에 기록하라. 이 주파수가 회로의 공진주파수 f_r이다.

$$f_r = \underline{\qquad\qquad\qquad} \text{kHz}$$

(5) 디지털 멀티미터를 이용하여 위에서 구한 공진주파수에서 저항 양단의 전압을 측정하라.

$$V_R = \underline{\qquad\qquad} \text{V}$$

(6) 위에서 측정한 전압 V_R의 0.707배의 값을 계산하라.

$$\frac{V_R}{\sqrt{2}} = \underline{\qquad\qquad} \text{V}$$

(7) 공진주파수 이하로 함수발생기의 주파수를 조정한 후, 저항 양단의 전압이 실험순서 (6)에서 계산한 전압값이 될 때 함수발생기의 주파수를 읽어라. 이 주파수가 하위 반전력 주파수 f_1이다.

$$f_1 = \underline{\qquad\qquad} \text{kHz}$$

(8) 공진주파수 이상으로 함수발생기의 주파수를 조정한 후, 저항 양단의 전압이 실험순서 (6)에서 계산한 전압값이 될 때, 함수발생기의 주파수를 읽어라. 이 주파수가 상위 반전력 주파수 f_2이다.

$$f_2 = \underline{\qquad\qquad} \text{kHz}$$

(9) 실험순서 (7)과 (8)의 결과를 이용하여 대역폭 BW를 구하라.

$$BW = f_2 - f_1$$

(10) 함수발생기의 주파수를 공진주파수로 조정한 후, 디지털 멀티미터를 이용하여 V_R, V_L, V_C, V_T를 측정하라.

(11) 실험순서 (10)의 결과를 이용하여 전체 리액턴스 전압 V_X를 구하라.

$$V_X = V_C - V_L$$

(12) 실험순서 (10)과 (11)의 결과를 이용하여 위상각 θ를 구하라.

$$\theta = -\tan^{-1}\left(\frac{V_X}{V_R}\right)$$

(13) 실험순서 (10)에서 측정한 V_R을 이용하여 회로의 전류 I를 구하라.

$$I = \frac{V_R}{R}$$

(14) 실험순서 (10)과 (13)의 결과를 이용하여 X_L, X_C, Z 를 구하라.

$$X_L = \frac{V_L}{I}$$

$$X_C = \frac{V_C}{I}$$

$$Z = \frac{V_T}{I}$$

(15) 실험순서 (14)에서 구한 X_L을 이용하여 선택도 Q를 구하라.

$$Q = \frac{X_L}{R}$$

(16) 실험순서 (7)에서 (15)까지의 결과를 표 25-1에 기록하라.

(17) 함수발생기의 주파수를 0.6kHz에서 2.8kHz까지 변화시키면서 저항 양단의 전압 V_R을 측정하고, 그 결과를 표 25-2에 기록하라.

표 25-2

주파수(kHz)	V_R	I	Z
0.6			
0.8			
1.0			
1.2			
f_r			
1.6			
1.8			
2.0			
2.2			
2.4			
2.6			
2.8			

(18) 실험순서 (17)에서 측정한 전압 V_R을 이용하여 각 주파수에서의 전류 I를 계산하고, 그 결과를 표 25-2에 기록하라.

$$I = \frac{V_R}{R}$$

(19) 실험순서 (10)에서 측정한 V_T와 실험순서 (18)에서 계산한 전류 I를 이용하여, 각 주파수에서의 임피던스 Z를 계산하고, 그 결과를 표 25-2에 기록하라.

$$Z = \frac{V_T}{I}$$

(20) 표 25-2의 결과를 이용하여 그림 25-4에 주파수의 변화에 대한 임피던스 Z의 변화를 그려라.

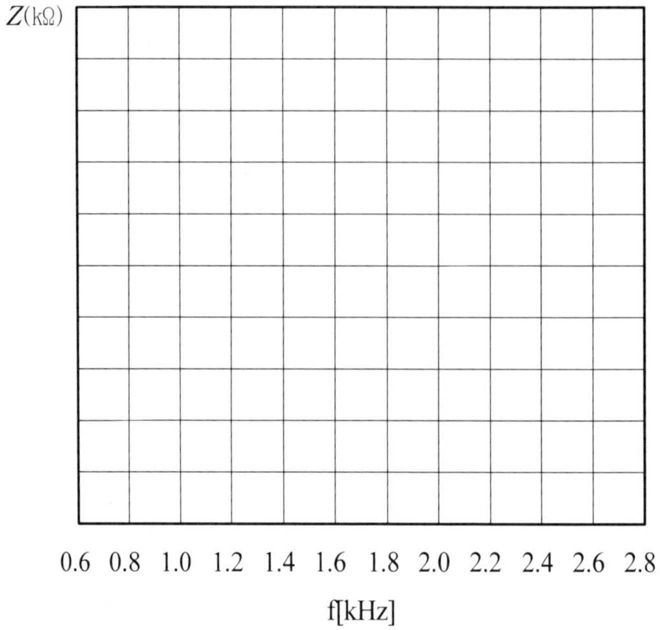

그림 25-4

실 험 보 고 서

실험제목	실험 25. 직렬공진회로			
학 번	성 명	실험조	실험일자	제출일자

(2)

① 공진주파수

$$f_r = \frac{1}{2\pi\sqrt{LC}}$$

② 유도성 리액턴스

$$X_L = 2\pi fL$$

③ 용량성 리액턴스

$$X_C = \frac{1}{2\pi fC}$$

④ 임피던스

$$Z = \sqrt{R^2 + (X_C - X_L)^2}$$

⑤ 전류

$$I = \frac{V_T}{Z}$$

⑥ 저항 양단의 전압

$$V_R = IR$$

⑦ 인덕터 전압

$$V_L = IX_L$$

⑧ 커패시터 전압

$$V_C = IX_C$$

⑨ 전체 리액턴스 전압

$$V_X = V_C - V_L$$

⑩ 인가전압

$$V_T = \sqrt{V_R^2 + V_X^2}$$

⑪ 위상각

$$\theta = -\tan^{-1}\left(\frac{V_X}{V_R}\right)$$

⑫ 선택도

$$Q = \frac{X_L}{R}$$

⑬ 대역폭

$$BW = \frac{f_r}{Q}$$

⑭ 하위 반전력 주파수

$$f_1 = f_r - \frac{BW}{2}$$

⑮ 상위 반전력 주파수

$$f_2 = f_r + \frac{BW}{2}$$

표 25-1

Quantity	이론값	측정값
f_r		
X_L		
X_C		
Z		
I		
V_R		
V_L		
V_C		
V_X		
V_T		
θ		
Q		
BW		
f_1		
f_2		

표 25-2

주파수(kHz)	V_R	I	Z
0.6			
0.8			
1.0			
1.2			
f_r			
1.6			
1.8			
2.0			
2.2			
2.4			
2.6			
2.8			

(20)

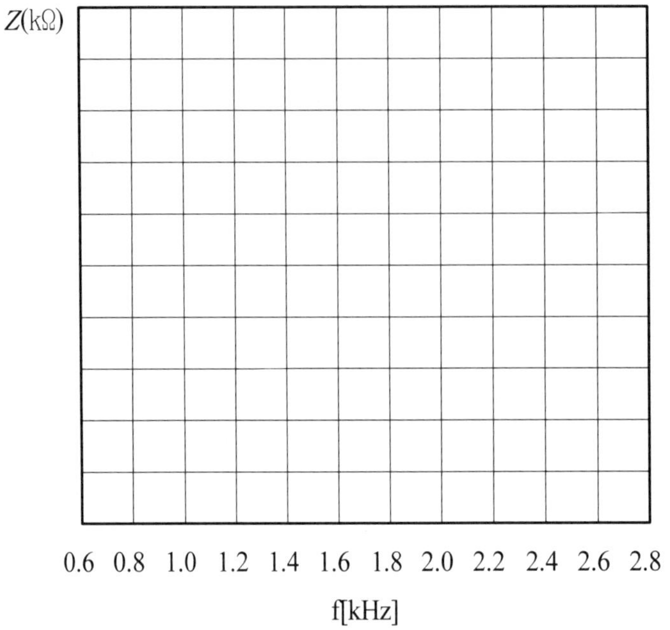

그림 25-4

실험 26. 병렬공진회로

목 적

1. RLC 병렬공진회로의 동작을 실험적으로 이해한다.
2. 병렬공진회로의 주파수 특성을 이해한다.

이 론

그림 26-1은 RLC 병렬공진회로를 나타낸 것이다. 유도성 리액턴스와 용량성 리액턴스가 같을 때 병렬공진회로의 임피던스는 최대로 되고, 이것은 앞에서 다룬 직렬공진회로의 경우와 반대이다.

병렬공진회로에서의 공진조건은 $I_L = I_C$이고, 이것은 $X_L = X_C$를 의미한다. 따라서 공진조건으로부터 공진주파수 f_r을 구하면,

$$f_r = \frac{1}{2\pi\sqrt{LC}}$$

로 주어지고, 앞의 직렬공진회로에서와 같은 식으로 표현된다. 한편 주파수가 f_r보다 작으면 병렬회로는 유도성이고, 주파수가 f_r보다 크면 병렬회로는 용량성이다.

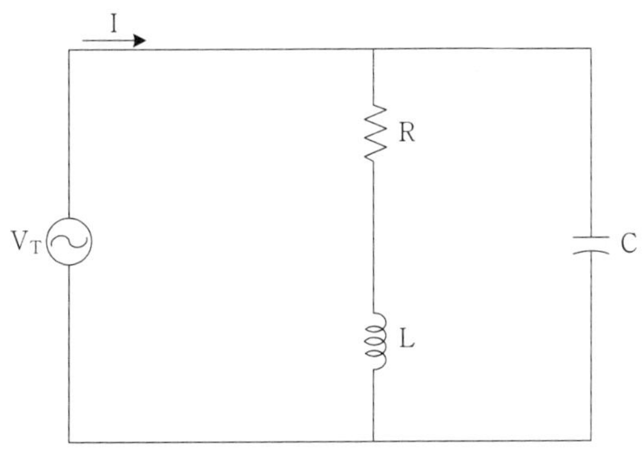

그림 26-1

그림 26-2는 RLC 병렬공진회로의 주파수 응답특성을 나타낸 것이다. 그림 26-2에서 보는 바와 같이 RLC 병렬공진회로의 임피던스는 공진주파수에서 최대값 Z_r을 갖는다. 공진시 RLC 병렬회로의 임피던스는 최대이므로, 전류는 공진주파수에서 최소값을 갖는다.

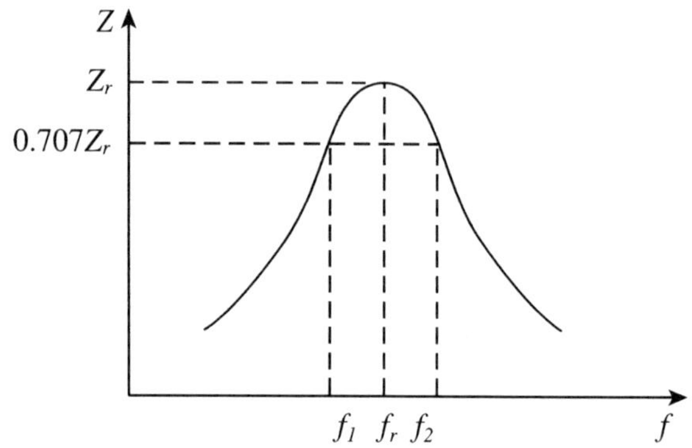

그림 26-2

또한 반전력 주파수 f_1과 f_2의 차 즉, 대역폭 BW는 다음과 같다.

$$BW = f_2 - f_1$$

$$= \frac{f_r}{Q}$$

여기서 f_r은 RLC 병렬공진회로의 공진주파수이고, Q는 선택도이다.

한편 회로의 선택도 Q는 다른 응용을 위해 조정될 수 있고, 병렬공진회로의 저항을 변화시킴에 따라 회로의 선택도가 줄어드는 효과를 댐핑(damping)이라 한다.

그림 26-3과 같은 RLC 병렬공진회로에서 선택도 Q를 살펴 보자. 그림에서 R_p는 병렬 댐핑저항(damping resistor), R_s는 인덕터의 직렬저항을 나타낸다.

그림 26-3 (a)에서와 같이 R_s가 없는 경우 선택도 Q는 R_p에 의해서만 결정되고, 다음 식과 같이 표현된다.

$$Q = \frac{R_p}{X_L}$$

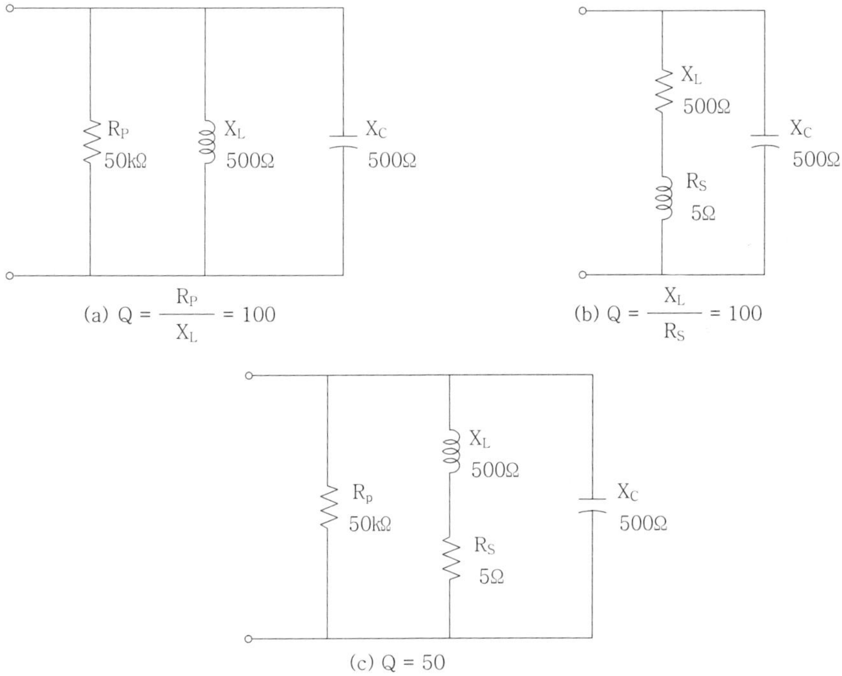

그림 26-3

또한 그림 26-3 (b)에서와 같이 R_p가 없는 경우 선택도 Q는 R_s에 의해서만 결정되고, 다음 식과 같이 표현된다.

$$Q=\frac{X_L}{R_s}$$

그림 26-3 (c)에서와 같이 R_p와 R_s를 모두 갖는 경우 R_p와 R_s를 함께 고려해야 하므로, 선택도 Q는

$$Q=\frac{X_L}{R_s+(X_L^2/R_p)}$$

로 주어진다.

실험기기 및 부품

1. 함수발생기
2. 디지털 멀티미터

3. 오실로스코프
4. 저항 100Ω, 1kΩ
5. 인덕터 100mH
6. 커패시터 0.01μF, 0.1μF

실험순서

(1) 그림 26-4와 같은 RLC 병렬공진회로를 구성하라.

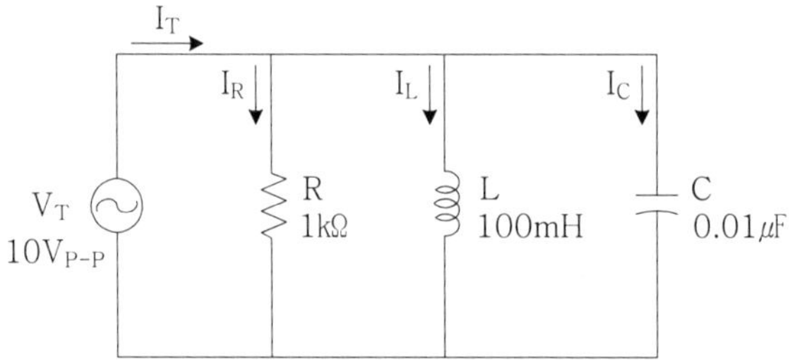

그림 26-4

(2) 그림 26-4의 회로에서 공진 시 f_r, X_L, X_C, Y, I_R, I_L, I_C, I_X, I_T, θ, Q를 계산하고, 그 결과를 표 26-1에 기록하라.

① 공진주파수

$$f_r = \frac{1}{2\pi\sqrt{LC}}$$

② 유도성 리액턴스

$$X_L = 2\pi f L$$

③ 용량성 리액턴스

$$X_C = \frac{1}{2\pi f C}$$

④ 어드미턴스

$$Y = \sqrt{G^2 + (B_C - B_L)^2}$$

⑤ 저항에 흐르는 전류

$$I_R = \frac{V_T}{R}$$

⑥ 인덕터에 흐르는 전류

$$I_L = \frac{V_T}{X_L}$$

⑦ 커패시터에 흐르는 전류

$$I_C = \frac{V_T}{X_C}$$

⑧ 전체 리액턴스 전류

$$I_X = I_C - I_L$$

⑨ 전체전류

$$I_T = \sqrt{I_R^2 + I_X^2}$$

⑩ 위상각

$$\theta = \tan^{-1}\left(\frac{I_X}{I_R}\right)$$

⑪ 선택도

$$Q = \frac{R}{X_L}$$

표 26-1

Quantity	이론값	측정값
f_r		
X_L		
X_C		
Y		
I_R		
I_L		
I_C		
I_X		
I_T		
θ		
Q		

(3) 위에서 계산한 공진주파수 근처에서 함수발생기의 주파수를 조정하면서, 디지털 멀티미터를 이용하여 회로의 전체전류 I_T를 관찰하라.

(4) 회로의 전체전류 I_T가 최소일 때 함수발생기의 주파수를 읽고, 그 값을 표 26-1에 기록하라. 이 주파수가 회로의 공진주파수 f_r이다.

$f_r=$ ________ kHz

(5) 함수발생기의 주파수를 공진주파수로 조정한 후, 디지털 멀티미터를 이용하여 V_T, I_R, I_L, I_C, I_T를 측정하라.

(6) 실험순서 (5)의 결과를 이용하여 전체 리액턴스 전류 I_X를 구하라.

$$I_X = I_C - I_L$$

(7) 실험순서 (5)의 결과를 이용하여 X_L, X_C, Y를 구하라.

$$X_L = \frac{V_T}{I_L}$$

$$X_C = \frac{V_T}{I_C}$$

$$Y = \frac{I_T}{V_T}$$

(8) 실험순서 (5)와 (6)의 결과를 이용하여 위상각 θ를 구하라.

$$\theta = \tan^{-1}\left(\frac{I_X}{I_R}\right)$$

(9) 실험순서 (7)에서 구한 X_L을 이용하여 선택도 Q를 구하라.

$$Q = \frac{R}{X_L}$$

(10) 실험순서 (5)에서 (9)까지의 결과를 표 26-1에 기록하라.

(11) 그림 26-5와 같은 RLC 병렬공진회로를 구성하라.

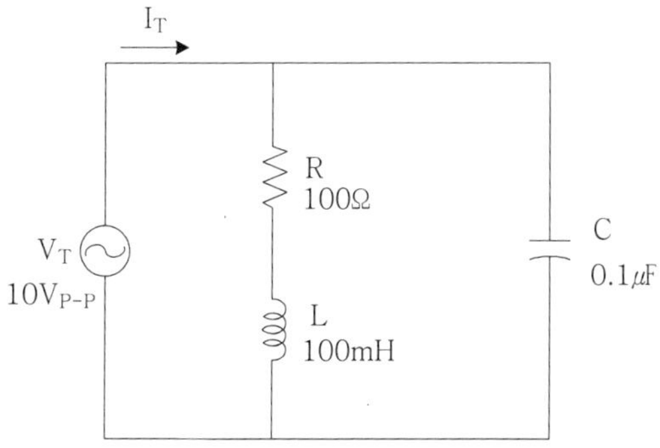

그림 26-5

(12) 그림 26-5의 회로에서 전체전류 I_T가 최소일 때 함수발생기의 주파수를 읽고, 그 값을 표 26-2에 기록하라. 이 주파수가 회로의 공진주파수 f_r이다.

f_r= ______________ kHz

(13) 함수발생기의 주파수를 0.6kHz에서 2.2kHz까지 변화시키면서 I_T, V_T를 측정하고, 그 결과를 표 26-2에 기록하라. 이 때 임피던스는 다음 식에 의해 구한다.

$$Z = \frac{V_T}{I_T}$$

표 26-2

주파수(kHz)	I_T	V_T	Z
0.6			
0.8			
1.0			
1.2			
f_r			
1.6			
1.8			
2.0			
2.2			

(14) 표 26-2의 결과를 이용하여 그림 26-6에 주파수에 대한 임피던스 Z의 변화를 그려라.

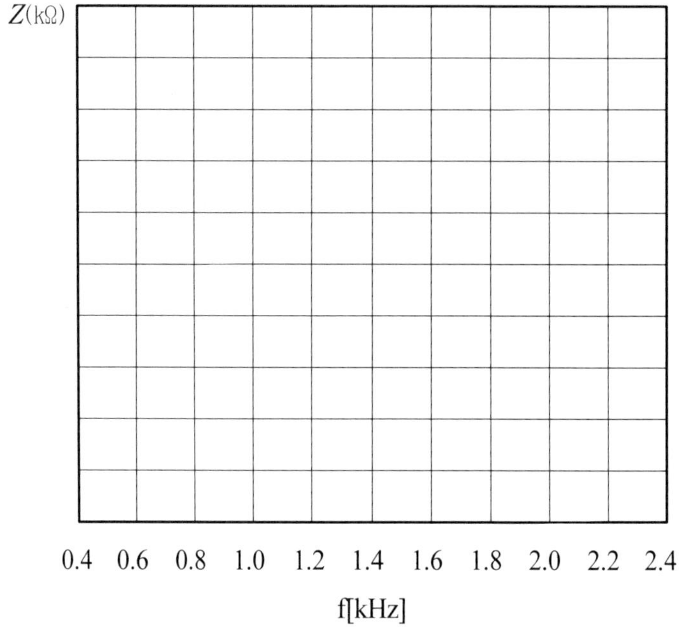

그림 26-6

실 험 보 고 서

실험제목	실험 26. 병렬공진회로			
학 번	성 명	실험조	실험일자	제출일자

(2)

① 공진주파수

$$f_r = \frac{1}{2\pi\sqrt{LC}}$$

② 유도성 리액턴스

$$X_L = 2\pi fL$$

③ 용량성 리액턴스

$$X_C = \frac{1}{2\pi fC}$$

④ 어드미턴스

$$Y = \sqrt{G^2 + (B_C - B_L)^2}$$

⑤ 저항에 흐르는 전류

$$I_R = \frac{V_T}{R}$$

⑥ 인덕터에 흐르는 전류

$$I_L = \frac{V_T}{X_L}$$

⑦ 커패시터에 흐르는 전류

$$I_C = \frac{V_T}{X_C}$$

⑧ 전체 리액턴스 전류

$$I_X = I_C - I_L$$

⑨ 전체전류

$$I_T = \sqrt{I_R^2 + I_X^2}$$

⑩ 위상각

$$\theta = \tan^{-1}\left(\frac{I_X}{I_R}\right)$$

⑪ 선택도

$$Q = \frac{R}{X_L}$$

표 26-1

Quantity	이론값	측정값
f_r		
X_L		
X_C		
Y		
I_R		
I_L		
I_C		
I_X		
I_T		
θ		
Q		

(12) f_r= ______________ kHz

표 26-2

주파수(kHz)	I_T	V_T	Z
0.6			
0.8			
1.0			
1.2			
f_r			
1.6			
1.8			
2.0			
2.2			

(14)

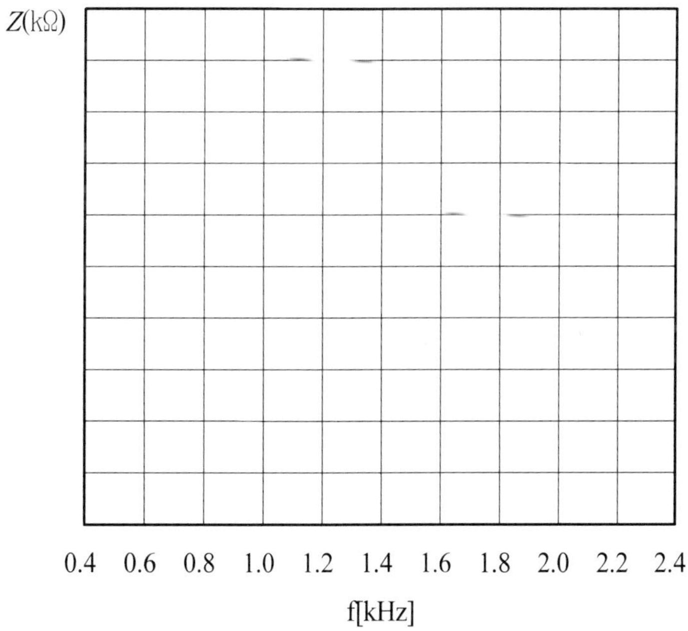

그림 26-6

실험 27. 교류전력

목 적

1. 평균전력 또는 유효전력의 정의를 이해한다.
2. 피상전력, 무효전력의 정의를 이해한다.
3. 역률을 실험적으로 구하는 방법을 살펴본다.

이 론

직류회로에서의 전력은 전류와 전압의 곱으로 정의되지만, 리액턴스를 포함하는 교류회로에서는 전류와 전압 사이의 위상을 함께 고려해야 한다. 보통 전력계에 의해 측정되는 평균전력 또는 유효전력(real power) P는 부하에서 소비된 전력으로, 다음과 같이 정의된다.

$$P = VI\cos\theta \qquad [W]$$

여기서 V와 I는 각각 전압과 전류의 실효값을 나타내고, $\cos\theta$는 역률(power factor)이다. 유효전력은 열로 소비된 저항성분의 전력으로 생각할 수 있고, 다음 식에 의해서도 유효전력을 구할 수 있다.

$$P = I^2R$$

여기서 I는 회로에 흐르는 전류, R은 회로의 전체저항을 나타낸다.

한편 교류회로의 입력전력 즉, 피상전력(apparent power) S는 다음 식과 같이 정의된다.

$$S = VI \qquad [VA]$$

여기서 V는 인가전압, I는 회로에 흐르는 전류를 나타내고, 단위 VA는 volt-amperes의 약자이다. 위 식으로부터 알 수 있는 바와 같이, 피상전력은 역률 $\cos\theta$와는 아무 관계가 없다.

무효전력(reactive power) Q는 다음 식과 같이 V와 I에 $\sin\theta$를 곱한 것으로 정의된다.

$$Q = VI\sin\theta \qquad [\mathrm{VAR}]$$

여기서 단위 VAR은 volt-amperes-reactive의 약자이다.

그림 27-1은 유효전력, 피상전력, 그리고 무효전력에 의한 전력 삼각형을 나타낸 것이다. 전력 삼각형으로부터 피상전력, 유효전력, 그리고 무효전력 사이의 관계는

$$S = \sqrt{P^2 + Q^2}$$

로 주어진다. 즉, 교류회로에서 피상전력 S는 유효전력 P와 무효전력 Q에 의해 결정됨을 알 수 있다.

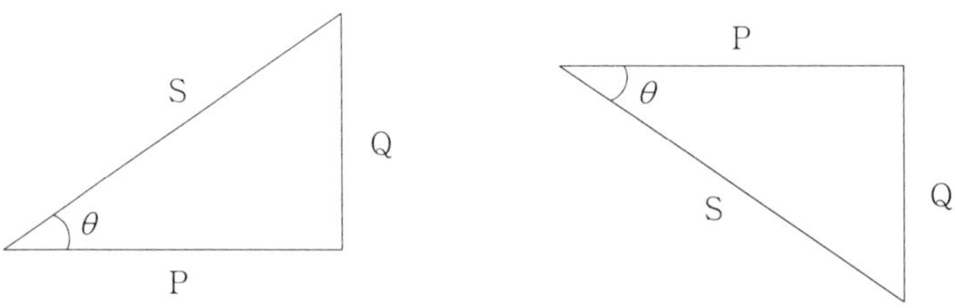

(a) RL 직렬회로　　(b) RC 직렬회로

그림 27-1

한편 회로의 역률은 다음과 같이 정의된다.

$$PF = \frac{\text{유효전력}}{\text{피상전력}} = \cos\theta$$

여기서 θ는 전압과 전류 사이의 위상각으로, 역률은 보통 0과 1 사이의 값을 갖는다. 역률이 1인 경우는 순저항 회로임을 의미하고, 역률이 0인 경우는 회로가 리액턴스 성분만으로 구성되어 있음을 의미한다.

직렬회로에서 역률은 다음과 같이 구할 수 있다.

$$PF = \cos\theta = \frac{R}{Z} = \frac{V_R}{V_T}$$

여기서 R은 회로의 전체저항, Z은 회로의 임피던스, V_R은 저항 양단의 전압, 그리고 V_T는 인가전압을 나타낸다.

한편 병렬회로에서는

$$PF = \cos\theta = \frac{G}{Y} = \frac{I_R}{I_T}$$

로 주어진다. 여기서 I_R은 저항에 흐르는 전류, I_T는 전체전류를 나타낸다.

실험기기 및 부품

1. 함수발생기
2. 디지털 멀티미터
3. 오실로스코프
4. 저항 1kΩ
5. 인덕터 100mH
6. 커패시터 0.1μF

실험순서

(1) 그림 27-2와 같은 RC 직렬회로를 구성하라.

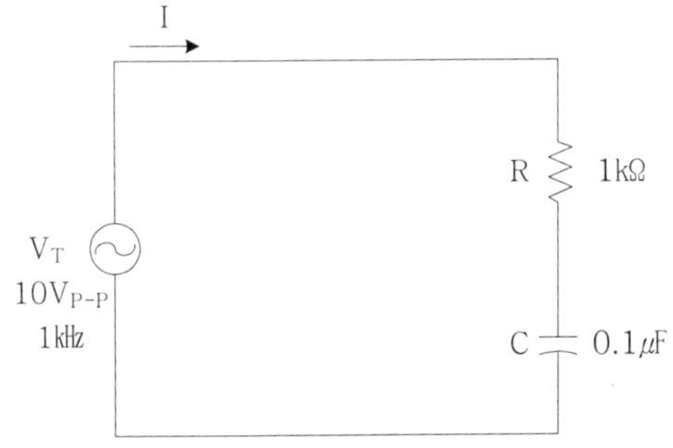

그림 27-2

(2) 그림 27-2의 회로에서 Z, PF, θ, I, S, P, Q를 계산하고, 그 결과를 표 27-1에 기록하라.

① 임피던스

$$Z = \sqrt{R^2 + X_C^2}$$

② 역률

$$PF = \frac{R}{Z}$$

③ 위상각

$$\theta = \cos^{-1}\left(\frac{R}{Z}\right)$$

④ 전류

$$I = \frac{V_T}{Z}$$

⑤ 피상전력

$$S = V_T I$$

⑥ 유효전력

$$P = V_T I \cos\theta$$

⑦ 무효전력

$$Q = V_T I \sin\theta$$

표 27-1

Quantity	이론값	측정값
Z		
PF		
θ		
I		
S		
P		
Q		

(3) 디지털 멀티미터를 이용하여 전압 V_T, V_R을 측정하라.

(4) 위에서 측정한 전압 V_R을 이용하여 회로에 흐르는 전류 I를 구하라.

$$I = \frac{V_R}{R}$$

(5) 실험순서 (3)의 결과를 이용하여 역률 PF와 위상각 θ를 구하라.

$$PF = \frac{V_R}{V_T}$$

$$\theta = \cos^{-1}\left(\frac{V_R}{V_T}\right)$$

(6) 실험순서 (3)과 (4)의 결과를 이용하여 회로의 임피던스 Z를 구하라.

$$Z = \frac{V_T}{I}$$

(7) 실험순서 (3)에서 (5)까지의 결과를 이용하여 피상전력 S, 유효전력 P, 그리고 무효전력 Q를 구하라.

$$S = V_T I$$

$$P = V_T I \cos\theta$$

$$Q = V_T I \sin\theta$$

(8) 실험순서 (4)에서 (7)까지의 결과를 표 27-1에 기록하라.

(9) 그림 27-3과 같은 RL 병렬회로를 구성하라.

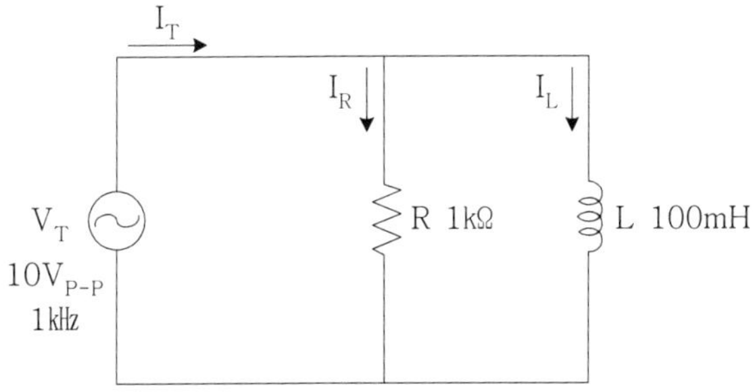

그림 27-3

(10) 그림 27-3의 회로에서 Y, PF, θ, I_T, S, P, Q를 계산하고, 그 결과를 표 27-2에 기록하라.

① 어드미턴스

$$Y=\sqrt{G^2+B_L^2}$$

② 역률

$$PF=\frac{G}{Y}$$

③ 위상각

$$\theta=\cos^{-1}\left(\frac{G}{Y}\right)$$

④ 전체전류

$$I_T=YV_T$$

⑤ 피상전력

$$S=V_TI_T$$

⑥ 유효전력

$$P=V_TI_T\cos\theta$$

⑦ 무효전력

$$Q=V_TI_T\sin\theta$$

표 27-2

Quantity	이론값	측정값
Y		
PF		
θ		
I_T		
S		
P		
Q		

(11) 디지털 멀티미터를 이용하여 인가전압 V_T를 측정하라.

(12) 디지털 멀티미터를 이용하여 회로에 흐르는 전류 I_T, I_R을 측정하라.

(13) 위에서 측정한 전류 I_T, I_R을 이용하여 역률 PF와 위상각 θ를 구하라.

$$PF = \frac{I_R}{I_T}$$

$$\theta = \cos^{-1}\left(\frac{I_R}{I_T}\right)$$

(14) 실험순서 (11)과 (12)의 결과를 이용하여 회로의 어드미턴스 Y를 구하라.

$$Y = \frac{I_T}{V_T}$$

(15) 실험순서 (11)에서 (13)까지의 결과를 이용하여 피상전력 S, 유효전력 P, 그리고 무효전력 Q를 구하라.

$$S = V_T I_T$$

$$P = V_T I_T \cos\theta$$

$$Q = V_T I_T \sin\theta$$

(16) 실험순서 (12)에서 (15)까지의 결과를 표 27-2에 기록하라.

실 험 보 고 서

실험제목	실험 27. 교류전력			
학 번	성 명	실험조	실험일자	제출일자

(2)

① 임피던스

$$Z=\sqrt{R^2+X_C^2}$$

② 역률

$$PF=\frac{R}{Z}$$

③ 위상각

$$\theta=\cos^{-1}\left(\frac{R}{Z}\right)$$

④ 전류

$$I=\frac{V_T}{Z}$$

⑤ 피상전력

$$S=V_T I$$

⑥ 유효전력

$$P=V_T I\cos\theta$$

⑦ 무효전력

$$Q=V_T I\sin\theta$$

표 27-1

Quantity	이론값	측정값
Z		
PF		
θ		
I		
S		
P		
Q		

(10)

① 어드미턴스

$$Y=\sqrt{G^2+B_L^2}$$

② 역률

$$PF=\frac{G}{Y}$$

③ 위상각

$$\theta=\cos^{-1}\left(\frac{G}{Y}\right)$$

④ 전체전류

$$I_T=YV_T$$

⑤ 피상전력

$$S=V_TI_T$$

⑥ 유효전력

$$P=V_TI_T\cos\theta$$

⑦ 무효전력

$$Q=V_TI_T\sin\theta$$

표 27-2

Quantity	이론값	측정값
Y		
PF		
θ		
I_T		
S		
P		
Q		

참 / 고 / 문 / 헌

1. Colin D. Simpson, Principles of DC/AC Circuits, Prentice-Hall, Inc., 1996.
2. Fredrick W. Hughes, Fundamental DC/AC Circuits : concepts and experimentation, Prentice-Hall, Inc., 1990.
3. Howard B. Brown, Experiments for Exploring Electricity, Prentice-Hall, Inc., 1996.
4. Paul B. Zbar, Basic Electricity : A Text-Lab Manual, 5th ed., McGraw-Hill, Inc., 1983.
5. Paul B. Zbar and Joseph Sloop, Electricity-Electronics Fundamentals : A Text-Lab Manual, 4th ed., Macmillan, McGraw-Hill, Inc., 1993.
6. Thomas L. Floyd, Electric Circuits Fundamentals, 4th ed., Prentice-Hall, Inc., 1998.
7. 김종훈 저, 전자공학개론, 정림사, 2000.
8. 김지홍 외 공저, 기초전기전자실험, 동일출판사, 1995.
9. 김태, 이봉락 공저, 기초전자실험, 형설출판사, 1994.
10. 이병효 저, 기초전기전자, 동일출판사, 1994.
11. 전계석 외 공저, 전기전자공학실험, 진영사, 1994.
12. 전자·통신연구회 편, 전자·통신 기조실험, 상학당, 1996.
13. 정재룡 외 공저, 기초전기·전자회로실험, 광문각, 1996.
14. 최성재 역, 전자공학의 기초, 진영사, 1997.
15. 최호열 외 공저, 전기·전자 및 통신공학도를 위한 기초실험, 문운당, 1994.

저자 약력

• 김 종 훈

경북대학교 전자공학과(공학박사)
현) 동양대학교 정보통신공학부 교수

<저서>

전자회로실험, 그린
전자공학개론, 정림사
전자회로, 진영사

• 박 욱 동

경북대학교 전자공학과(공학박사)
현) 동양대학교 IT전자공학부 교수

<역서>

광센서기술, 그린
미분방정식(공역), 그린
센서의 기초(공역), 대영사

도서출판 그 린

전자통신기초실험

초 판 발행일 ▶ 2004년 2월 10일
수정판 발행일 ▶ 2010년 2월 10일
수정재판발행일 ▶ 2023년 2월 10일
저자 ▶ 김종훈·박욱동 공저
발행처 ▶ 도서출판 그린
발행인 ▶ 윤 덕 우
출판등록 ▶ 제8-161호(1995. 5. 3.)
주소 ▶ 경기도 파주시 가람로116번길107 운정한강듀클래스411호 (우)10876
전화 ▶ 02)333-2574, 2575
Fax ▶ 02)333-2561
E-mail ▶ greenpress@greenpress.co.kr
Homepage ▶ http://www.greenpress.co.kr

Green Pub.

정가 : 14,000원
ISBN : 89-5727-032-9